BIOLOGICAL MYSTERY SERIES
生物ミステリー

プロが真面目に飼育施設を考えてみた

古生物水族館のつくり方

著　土屋 健
絵　ツク之助
飼育監修　海遊館 獣医師　伊東隆臣
生物監修　古生物水族館研究者チーム

技術評論社

はじめに

地質時代に栄え、姿を消し、存在の証拠として化石を残す生物を「古生物」とよぶ。つまり「古生物」とは、本来は〝滅びた生物〟を指す。

西暦20XX年、その古生物が、生きている状態で確認されるようになった。当初は、「滅びたと思っていたけれど、じつは生きていた」と認識された。「あの○○がじつは生きていた！」と人々はシンプルに喜んだ。

しかしほどなくして、〝時空を歪める霧現象〟が発生し、その〝霧〟を通って古生物が現代世界に現れるようになったことが明らかになる。この現象は、〝出現〟とよばれている。この現象に関しては、物理学者を中心に解析が進んでいる。本書とはまた別の話なので、ご興味をおもちの方は、〝そちらの本〟をご覧いただきたい。

さて、「〝出現〟した古生物」である。

当初、人々は自由にそうした古生物を捕まえ、あるいは、狩っていた。ペットにしたり、食料としたり……文字どおりに「自由」に扱っていた。

しかし、「〝出現〟した古生物」の中には、人々の生活を脅かすものもいた。直接的に襲いかかるもの、家畜などを襲うもの、生態系の一部を壊していくものなど、さまざまな影響が見えるようになった。

古生物の〝出現〟がはじめて確認されてから、ＸＸ年。

古生物を含めた野生動物の保護や研究を統括する「国際自然史保護連合（International Union for Conservation of Natural History：ＩＵＣＮＨ）」が国際連合に発足する。多くの国々が加盟し、組織的な対応が始まった。

なにしろ私たちは、古生物に関する情報をほとんど知らない。保護をするにも、駆除をするにも、判断する材料がないのだ。

その状況を受けて、「国際古生物保護条約」が制定された。人類社会に影響を与えそうな古生物を中心にカテゴリー分けして、条約調印国に保護を促すとともに、ＩＵＣＮＨ指定の動物園や水族館で、その生態等を探るための飼育がおこなわれることになった。

本書は、ＩＵＣＮＨ指定水族館の設計と飼育方法をまとめた1冊である。

本当のはじめに

……という世界観のもとにつくりあげた本が、この1冊です。

コロナ禍前の2019年、筆者は『古生物食堂』を上梓しました。その本では、現代世界に〝現れた〟古生物をしっかりと調理して、美味しくいただいています。

この本を上梓した当初から、知人に指摘されたことがあります。

「食べる前に、飼うじゃないの？」

……はい。まさしく、そのとおりですね。

そこで、まだコロナ禍が始まる前の『古生物食堂』のイベント打ち上げ会で編集さんと企画を立ち上げたのが、この『古生物水族館のつくり方』と、同時期刊行の『古生物動物園のつくり方』です。どうせ「飼う」のであれば、どのように捕獲するのか、どのような施設が必要なのか、そのすべてを本にしてしまおうという1冊にしました。

メンバーとして古生物学者は必要な人材です。そして、飼育する上で「飼育のプロ」である水族館やスタッフの存在も欠かせません。また、ＩＵＣＮＨという組織の理解と啓蒙、予算を獲得するためにも、その水族館は原則的に公開施設である必要があります。

本書を制作するにあたって、リアルな古生物学者のみなさんには、現時点で知られている限りの生態の情報や、「もしも、自分が捕獲するとすれば」などのさまざまな相談に乗っていただきました。そして、海遊館の獣医師である伊東隆臣さんには、「予算と面積を気にせずに」そうした古生物を飼育するためには、どのような施設が適当といえるのかを細部に至るまでご検討いただきました。

結果、広大にして、とても楽しい水族館が出来上がりました。

みなさんにも、「古生物の水族館をつくる楽しさ・見る楽しみ」を味わっていただけましたら幸いです。

2023年11月　土屋　健

古生物水族館　目次

Zone E ビーチと入り江

地質年代表

年代	代	紀
約258万年前～現在	新生代	第四紀
約2300万～258万年前	新生代	新第三紀
約6600万～2300万年前	新生代	古第三紀
約1億4500万～6600万年前	中生代	白亜紀
約2億100万～1億4500万年前	中生代	ジュラ紀
約2億5200万～2億100万年前	中生代	三畳紀
約2億9900万～2億5200万年前	古生代	ペルム紀
約3億5900万～2億9900万年前	古生代	石炭紀
約4億1900万～3億5900万年前	古生代	デボン紀
約4億4400万～4億1900万年前	古生代	シルル紀
約4億8500万～4億4400万年前	古生代	オルドビス紀
約5億3900万～4億8500万年前	古生代	カンブリア紀

古生物水族館マップ

古生物水族館前駅、もしくは、駅前駐車場から徒歩約1分。「エントランス街ぱれお」の先に、当水族館の施設は広がっています。移動に便利な無料バスは、メイン館から各施設へ10分ごとに運行。また、湾内を巡る遊覧船「ぱんさらさ号」もぜひ、ご利用ください。

Zone A　メイン館1階　サメとその仲間たち

1 メガロドン
2 ヘリコプリオン
3 アクモニスティオン
4 ファルカトゥス

Zone B　メイン館2階　世界の水棲古生物

5 メトリオリンクス
6 ショニサウルス
7 ペゾシーレン
8 ステラーカイギュウ
9 フォスフォロサウルス
10 ワイマヌ　インカヤク　パラエウディプテス
11 アクセルロディクティス・ラボカティ
12 フォレイア
13 メタプラセンチセラス　プテロプゾシア　ニッポニテス
14 アノマロカリス
15 エーギロカシス
16 アサフス　キクロピゲ　ツリモンストラム
17 ユーリプテルス
18 アクチラムス
19 ドロカリス
20 ダンクルオステウス
21 ユーステノプテロン
22 ボスリオレピス
23 ケイチョウサウルス　オドントケリス
24 フタバサウルス

Zone C　身近なエリアとリサーチ館

25 フルービオネクテス
26 デスモスチルス　パレオパラドキシア
27 ホッカイドルニス　アロデスムス
28 クラドセラケ
29 プトマカントゥス

Zone D　クジラのドーム

30 アンビュロケタス
31 バシロサウルス
32 ハーペトケタス

Zone E　ビーチと入り江

33 アーケロン
34 ストゥペンデミス
35 モササウルス
36 リヴィアタン

PALEONTOLOGICAL AQUARIUM

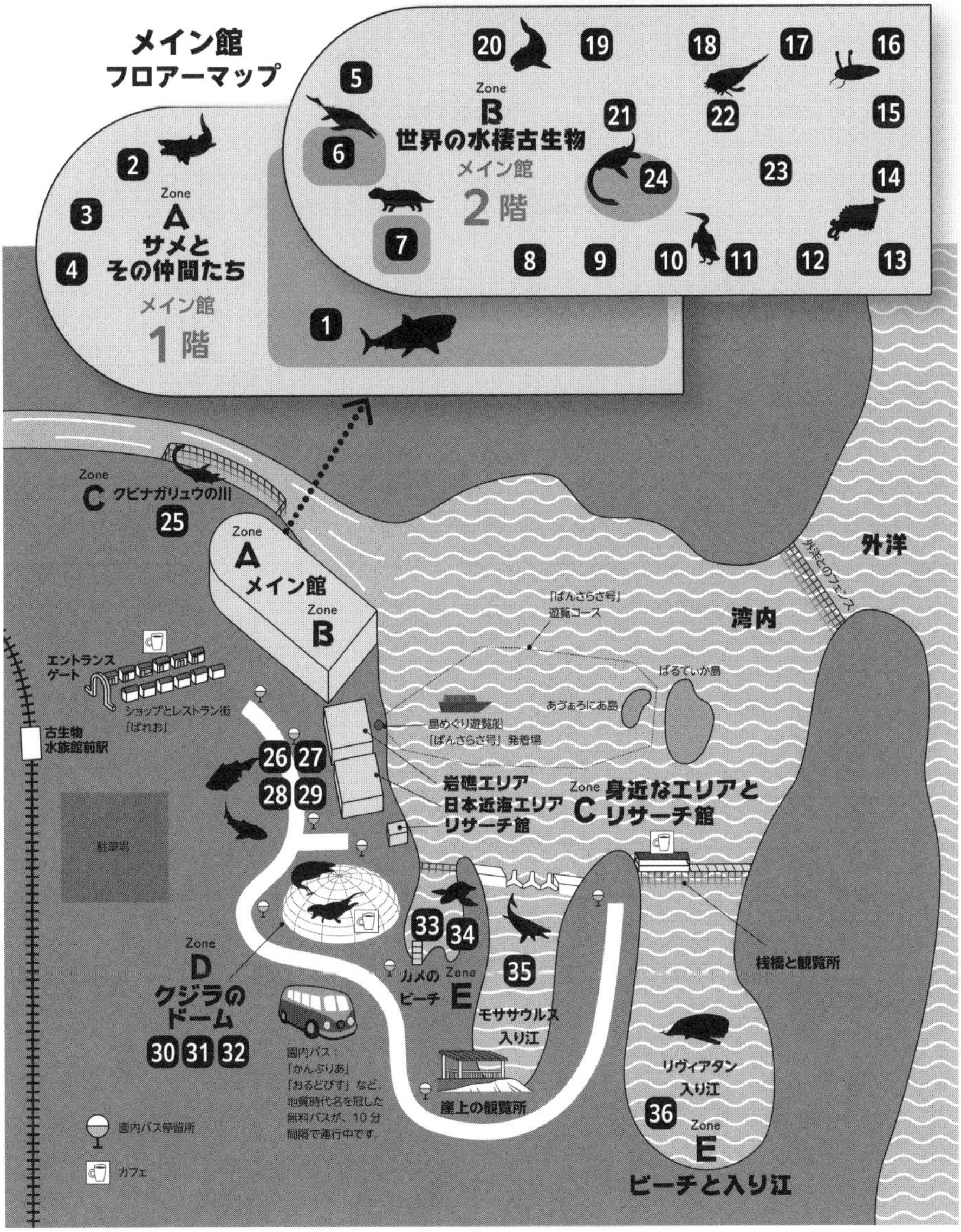

◉おすすめコース◉

メイン館 → クビナガリュウの川 →岩礁エリア →日本近海エリア→リサーチ館 →
クジラのドーム→ カメのビーチ →モササウルス入り江→リヴィアタン入り江

Zone A

メイン館1階
サメとその仲間たち

「エントランス街ぱれお」の先にあるのは、当施設の中核ともいえる「メイン館」です。多くの水棲の古生物が暮らしています。入口を入ってみなさんをまず迎えるのは、水量40万トンを誇る超巨大水槽です。その水槽の中で暮らしているのは、巨大ザメの代名詞「メガロドン」！　ぜひ、その迫力をご堪能ください。

1	メガロドン	3	アクモニスティオン
2	ヘリコプリオン	4	ファルカトゥス

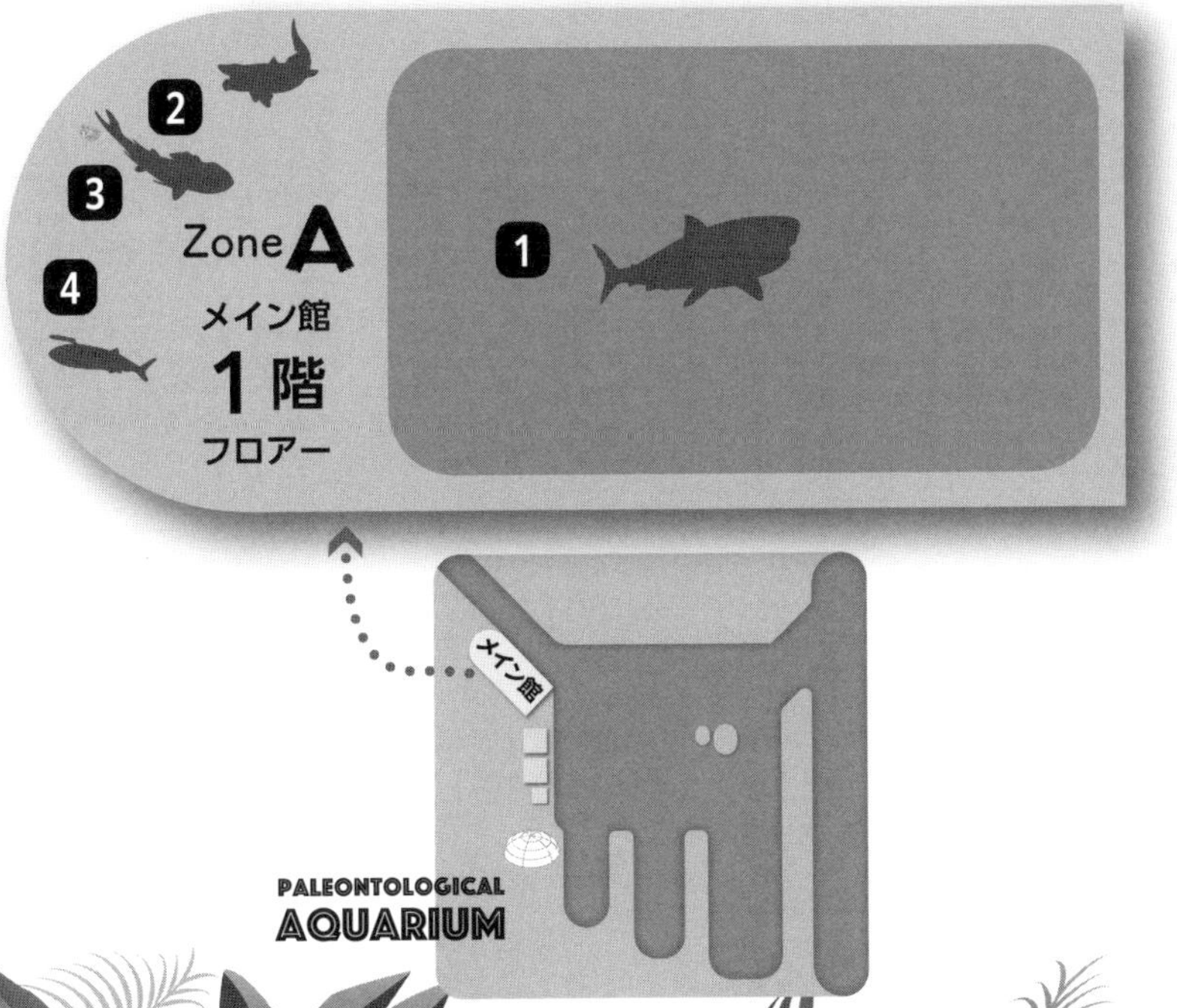

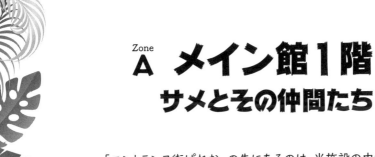

巨大ザメ！

メガロドン

古生物監修
宮田真也
城西大学大石化石ギャラリー

全長15メートルの巨大ザメ。

この水族館で、1、2を争う危険動物だ（でも、人気は高い）。もちろん、飼育に際しては細心の注意が必要。運搬、展示、えさやり、診断など、あらゆる場面で、スタッフの安全に気を配る必要がある。

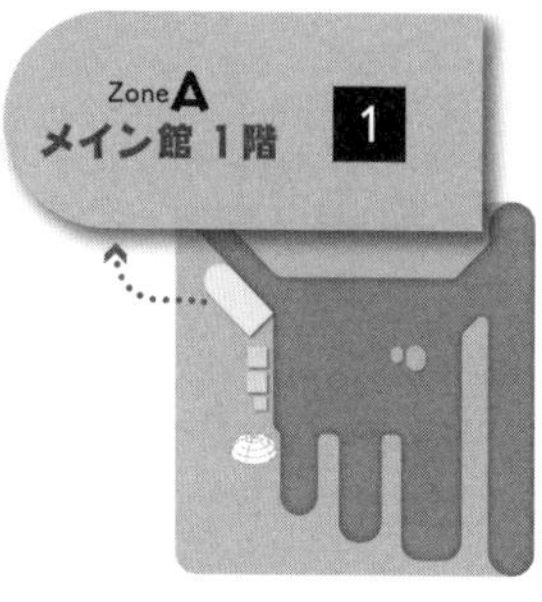

学名：*Otodus megalodon*
分類：サメ類
本来の生息時代：新生代新第三紀
中新世～鮮新世
古生物保護条約カテゴリー「B」
「巨大なサメ」です。
もう、この一言で、十分でしょう。

鎮静させて水族館へ

世界各地に〝出現〟し、既存の生態系に深刻な脅威を与えているサメ、メガロドン（※1）。全長15～16メートルのこの巨大ザメは（※2）、歯の一つをとっても、10センチメートル以上になる。その性質はどう猛。噛む力は、ホホジロザメの約6倍（※3）。そして、〝出現数〟も多い。

国際自然史保護連合（IUCNH）の基本的な活動方針は、古生物の保護と研究にある。でも、メガロドンについては例外的に漁港単位の漁業権が発行されている。カテゴリーは、「B」――「人間に危害を及ぼす可能性があるため、〝出現〟を確認後、早急なる捕獲が必要」に指定されている。

メガロドンは、定置網で捕獲される例が多い。逃してやろうにも、近寄るだけで危険。しかし、長期間に渡って定置網の中に残しておくと、ほかの魚が食べられてしまう。また、網を破壊してしまうこともある。結局のところ、定置網にかかったメガロドンは、発見され次第仕留められ、食用とされることが少なくない（※4）。

それでも、未知の古生物であることには変わりない。そこで、この水族館では、漁業関係者の協力のもと、1尾だけ捕獲・運搬し、飼育している。

捕獲にあたっては、「TI」とよばれる方法が用いられた（※5）。これは「あお向けになると擬死行動をとる」というサメ類の性質を利用したもの。定置網を巻き上げる際にひっくり返し、あお向けにするとメガロドンは動かなくなる。この状態で、専用コンテナに収容し、酸素を十分に含んだ水を口に向かって流し込みながら運ぶ（※6）。このとき、メガロドン用につくられた専用の機械によって、尾を動かし続け、血液循環を助けることも忘れずに（※7）。

大きな水槽でも、観覧ガラスは小さな窓で

用意された専用水槽は、幅200メートル、奥行き200メートル、水深10メートル、水量40万トン。巨大なサメに、巨大な水槽だ。頑丈さを確保するため、壁はコンクリート製の厚いつくりになっている。

メガロドンが壁に衝突することを避けるため、壁の1メートルほど手前には、網目模様のシートを張っている。さらに、観覧できるのは、水槽の壁に開けられた、直径1メートルほどの小さな窓だけだ。これは、メガロドンに「見られて

いる」というストレスを感じさせないことと、清掃を容易にすることの、二つの目的がある。

清掃にあたっては、直径1メートルの半円形の檻を窓に沿って沈め、その檻の中にダイバーが入ってアクリルガラスを拭いていく（※8）。

えさは、馬肉を中心に、豚肉、牛肉など（※9）。かなりの量を食べるので、食べ残しや体調を確認しながら与えていく。

診断と治療は難しい

大きくて危険なメガロドン。触れての診断治療は、事実上不可能だ（※10）。

そのため、定時に観察し、体表に異常がないかどうかを目視で調べることが基本。皮膚疾患や寄生虫感染などをじっくりと確認していく。また、週に1度は、水槽の水を採取して、微量物質を調査。ストレスホルモンなどに異常がないかどうかを調べる。

もしも異常があった場合は、えさに薬を含めて与えることになる。

ただいま水槽の清掃中です。
安全をしっかりと確保した上で、水槽の掃除をおこなっています。

ぐるぐる歯！

ヘリコプリオン

古生物監修
宮田真也
城西大学大石化石ギャラリー

古生物には「珍妙」という言葉が似合う種が少なくない。

ヘリコプリオンもその一つ。ギンザメの仲間とされるこの軟骨魚類の下あごには、その中央にだけ、まるで電動ノコギリのように歯が配置されている。

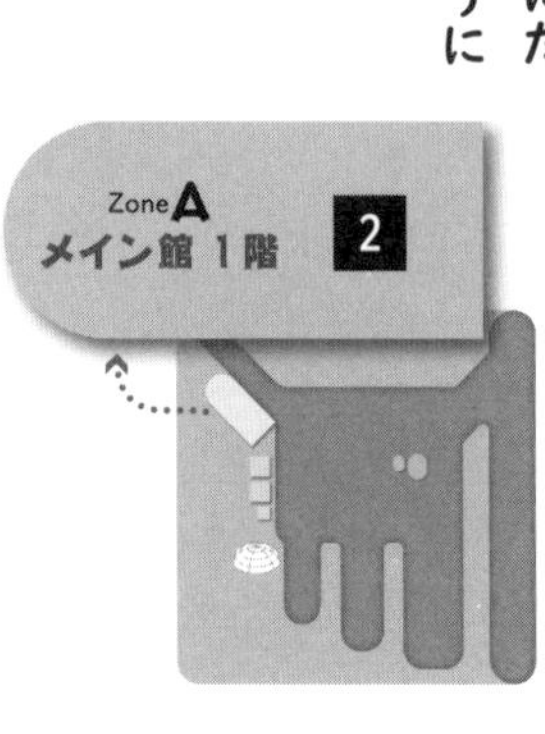

学名：*Helicoprion*
分類：全頭類
本来の生息時代：古生代ペルム紀
古生物保護条約カテゴリー「一」
まず、化石を見てください。

水槽を見る前に、化石を見たい

ヘリコプリオン（※1）のコーナーでは、水槽の手前に化石のレプリカが展示されている。

はじめてその化石を見る人は、「いったいこの化石は、どんな動物の、どの部位が保存されたものなのか」と悩むにちがいない。大きさ数センチメートルほどの薄くて細い葉のような形をしたものが、少しずつ重なりながら螺旋をえがいている。〝葉のようなもの〟は、内側にいくほど小さくなる。螺旋の直径は20センチメートル強。〝葉のようなもの〟の数は、合計120個弱ある。

この化石は何なのか？

かつて、研究者を悩ませたこの化石は（※2）、ヘリコプリオンという軟骨魚類の「歯」ということがわかっている（※3）。

螺旋をえがく歯……？

その疑問をもったまま、水槽前へと進もう。

ヘリコプリオンの水槽は、長さ30メートル、高さ10メートル、奥行き20メートルほど（※4）。来場者用の通路として、水槽の底にのびる直径1メートルほどのアクリルガラスのパイプがある。

この水槽では、1尾のヘリコプリオンが泳いでいる。たまたま定置網にかかったところを保護された個体だ。全長は5メートル。これほどの獲物がかかることはめったにない。引き上げにはかなり苦労したという。

歯、歯、歯……。

そう思って見ていても、ヘリコプリオンは口を閉じて泳いでいることが多いので、歯を見ることはできないかもしれない。

そこで、毎日2回の「えさやりタイム」だ。

酸素ボンベを背負ったダイバーが、アンモナイトの殻を模したプラスチックのケースを持ってもぐる。このケースの中には、ミズタコが詰められており、その頭部と腕だけがプラスチックケースから出ている（※5）。

ダイバーがアクリルガラスパイプのそばでその〝疑似アンモナイト〟をはなすと、ゆっくりとヘリコプリオンが近寄ってくる。来場者が見るべきは、口の中だ。

疑似アンモナイトの殻の口あたりをめざしてヘリコプリオンは大きく口を開ける。すると、先ほど化石で見た歯が、下あごの中央にまっすぐに並んでいることがわかる。

ヘリコプリオンはこの歯と、歯のない上あごの形状を上手に使い、疑似アンモナイトの殻からミズダコを器用に引き出して食べる（※6）。螺旋をえがく独特の歯は、渦を巻く殻から生きた獲物をうまく取り出すことに使われるのだ。

なお、生きたアンモナイトそのものではなく、「アンモナイトを模した殻」にミズダコを入れてえさにすることには理由がある。

じつは、古生物をえさとして利用することは、ＩＵＣＮの許可どりが逐一必要となるため、面倒なのだ。ただし、ヘリコプリオンのストレスを減らすため、できるだけ自然の状態に近づけたい。そこで、ミズダコを利用した疑似アンモナイトの出番というわけだ。

動画上映でフォローを

ヘリコプリオンの見どころは、その食事シーンだ。しかし、必要とするえさの量は5〜8キログラムほどで、食事タイムは1日2回しかない。

そこで、ヘリコプリオンの水槽の先では、１００インチのモニターで動画上映もおこなっている。食事シーンを録画したもので、上映時間は60秒ほどに編集されている。

化石、生態、そして、動画で確認。この三つを組み合わせることで、ヘリコプリオンのコーナーは、この水族館でも人気展示の一つとなっている。

化石だけが、かつては知られていました。

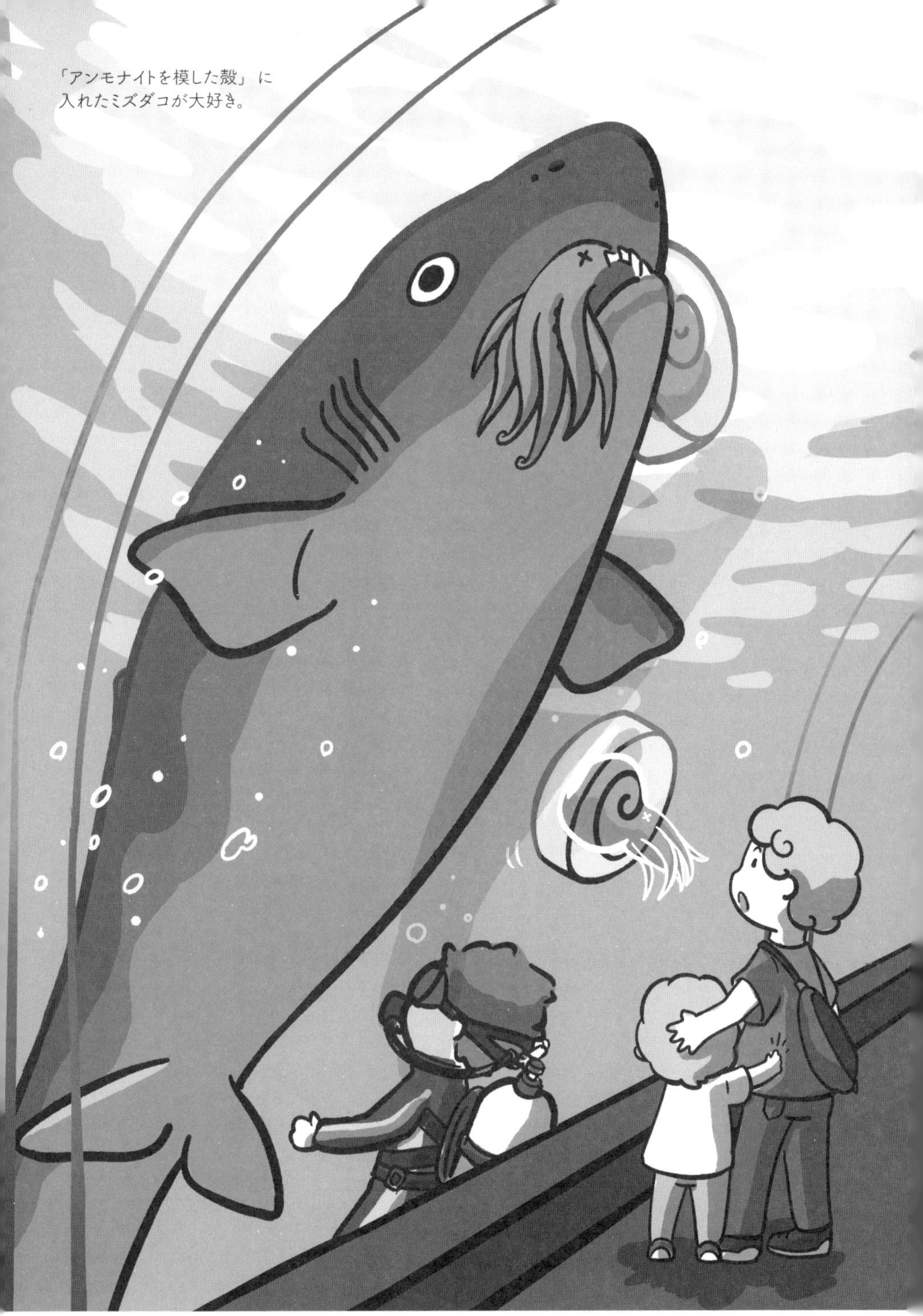

「アンモナイトを模した殻」に
入れたミズダコが大好き。

ヘリコプリオン

背びれの「上面」を
ゆっくり見たい

アクモニスティオン

古生物監修
冨田武照
沖縄美ら島財団総合研究所

背びれの上面が独特すぎる軟骨魚類、アクモニスティオン。その特徴をしっかり観察するためには、展示にもそれなりの工夫が必要となる。

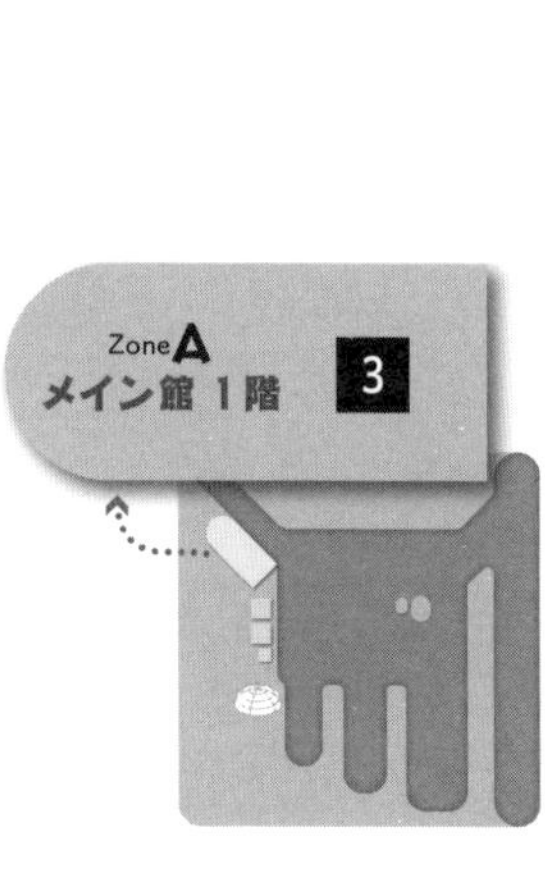

学名：*Akmonistion*
分類：軟骨魚類
本来の生息時代：古生代石炭紀
古生物保護条約カテゴリー「ー」
背びれの上端が特徴の軟骨魚類です。

水槽を上から見る

「定置網にかかってたよ」

今日も漁師から、水棲古生物が届けられた。

その古生物は、「アクモニスティオン」（※1）。全長60センチメートルほどの軟骨魚類だ。

一見してサメのような風貌のアクモニスティオンは、独特の背びれをもつことで知られる。背びれの上端がアイロン台のような形をしており、その上には小さなトゲがびっしりと並んでいるのだ。同じような特徴は、額にもある。

こうした上面に特徴のある古生物を観察できるように、この水族館には「上から観覧できる水槽」がいくつか用意されている。

1匹のアクモニスティオンが入れられた水槽は、まさにソレ。

深さ2メートル、幅と奥行きが5メートルほどのその水槽は、上面の面積の5分の4ほどに強化ガラスが張られていて（※2）、その上を来場者が歩くことができる。ただし、靴は脱いでもらう。来場者は、水槽の上を歩きながら、ときには座りこみ、あるいは、腹ばいになって、アクモニスティオンの背びれを観察できるのだ。

なお、強化ガラスが張られていない場所は、側面からの観察ポイントでもある（※3）。こちらからは、アクモニスティオンの横顔を見ることができる。

アクモニスティオンの背びれが引っかからないように、水槽内にはあまりデコレーションが置かれていない。水底に小石が敷かれ、数個の天然岩がある程度だ。

清掃は来場者のいない時間帯に

水槽上面の強化ガラスが張られていない部分には、スタッフ用の扉がある。この扉を開けて、1日1回の給餌をおこなう。えさは、冷凍のサバ、アジ、イカなどを。

週に1度、来場者のいない時間帯に、水槽内にスタッフが入り込み、清掃活動も実施する。

アクモニスティオンは、〝性の謎〟のある軟骨魚類だ。アクモニスティオンはクラスパーのある個体しか確認されていない。クラスパーは、「軟骨魚類のペニス」である。クラスパーのある個体しか確認されていないということは、オスばかりで、メスが未発見であることを示唆している。

そのため、この独特の背びれもまた、オス特有の構造で、

上から見られる水槽では、寝転んでもOK！ じっくり背びれを観察してください。

なんらかの役割があったのではないか……とみられているが、そのあたりはまったくわかっていない(※4)。

ただし、研究対象とするには、個体数がさほど発見されておらず、今のところ、アクモニスティオンはこうして展示されることが主体となっている。

古生物監修
冨田武照
沖縄美ら島財団総合研究所

ペアで、普通の水槽で

ファルカトゥス

水族館の中に設置されたごく普通の水槽。しかし、その水槽の中にいる軟骨魚類は、けっして〝普通〟とはいえない。

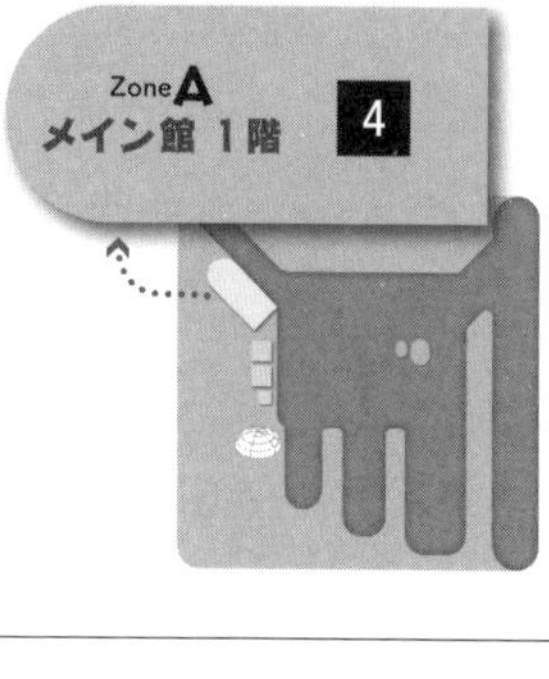

学名：*Falcatus*
分類：軟骨魚類
本来の生息時代：古生代石炭紀
古生物保護条約カテゴリー「一」
頭部に突起のある個体はオス、
突起のない個体はメスです。

ごく普通の水槽で

アクモニスティオンの水槽がある軟骨魚類のコーナーに設置された、幅3メートル、奥行き3メートル、高さ1メートルの水槽は〝特別仕様〟がない。

底に細かい砂が敷かれているだけのシンプルな箱型の水槽だ。2面がアクリルガラスとなっている（※1）。特徴があるとすれば、水槽も、水槽の前の通路も、少し照明が暗いくらい（※2）。

でも、水槽の中にいるサカナは、「普通」の文字では括《くく》れない。

全長15センチメートルほど。「巻き網漁でたまたま網に入っていたんだよ」と漁師から提供されたそのサカナは、名前を「ファルカトゥス」という（※3）。

ファルカトゥスは、サメに似た風貌をもつ小さな軟骨魚類。やや大きな眼が愛らしい。

水槽の中には、6匹のファルカトゥスが泳ぐ。このうちの4匹は、後頭部から突起がのびている。まず上へ、そして途中でグイッと曲がって前方へ。よく見ると、この突起の先端には、細かな突起が並んでいる。

太古の性に迫る

ファルカトゥスは、〝出現〟前から「性的二型」があるとされていた（※4）。この突起をもつものがオス、突起をもたないものがメスであるという。

ただし、この突起が何の役に立ったのかは、わかっていない。交尾の際にメスがくわえて体を固定していたのかもしれないし、突起を使ってオスがメスを逃さないようにしていたのかもしれない（※5）。

そこで、こうした水族館で観察することで、突起の役割を解明しようとしている。同様の試みは、ファルカトゥスがもちこまれた、国際自然史保護連合（ＩＵＣＮＨ）指定の各国の水族館でおこなわれているけれども、じつはまだ繁殖活動の観測成功例はない。

ちなみに、ファルカトゥスは、「レック」とよばれる集団求愛場をもっていた可能性も指摘されており（※6）、雌雄の数のバランスが関係している可能性もある。

えさは、小魚を中心に甲殻類や貝類などを与える。水温は、やや高め。彼らの恋を人類が見ることができるかどうかはわかっていない。

Zone B

メイン館2階
世界の水棲古生物

　メイン館2階は、一部が多層式となっていて、広々としたつくりです。ここでは、大小のさまざまな水槽が並び、20種類以上の水棲古生物が暮らしています。人気のアノマロカリスやアンモナイト類各種、三葉虫類各種はこちらで展示しています。ステラーカイギュウやエーギロカシスの「ふれあいコーナー」もあります。ペンギン類のパレードは、一日一回開催です、お見逃しなく！

5	メトリオリンクス
6	ショニサウルス
7	ペゾシーレン
8	ステラーカイギュウ
9	フォスフォロサウルス
10	ワイマヌ インカヤク パラエウディプテス
11	アクセルロディクティス・ラボカティ
12	フォレイア
13	メタプラセンチセラス プテロプゾシア ニッポニテス
14	アノマロカリス
15	エーギロカシス
16	アサフス キクロピゲ ツリモンストラム
17	ユーリプテルス
18	アクチラムス
19	ドロカリス
20	ダンクルオステウス
21	ユーステノプテロン
22	ボスリオレピス
23	ケイチョウサウルス オドントケリス
24	フタバサウルス

完全水棲のワニ

メトリオリンクス

この水族館には、「泳ぐワニ」がいる。
え？　「泳ぐワニ」なんて、珍しくはない？
たしかに、現生のワニ類も川の中を泳ぐ。しかし、
この水族館のワニは、「海で泳ぐワニ」なのだ。

古生物監修
林 昭次
岡山理科大学

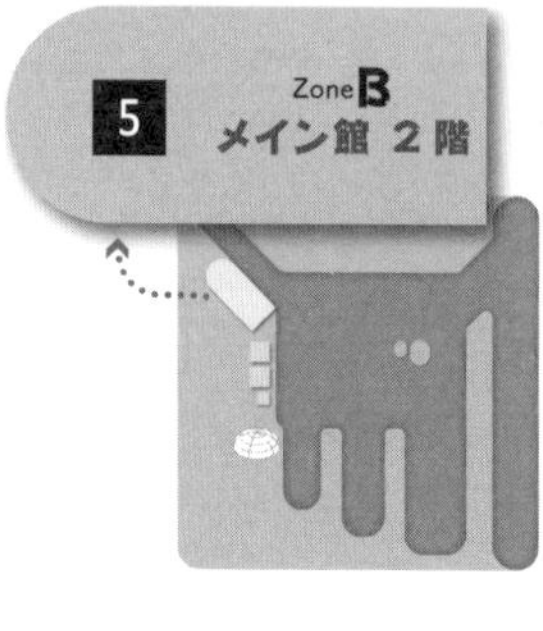

学名：*Metriorhynchus*
分類：ワニ類
本来の生息時代：中生代ジュラ紀
古生物保護条約カテゴリー「一」

下からも観察できる水槽

幅20メートル、奥行き10メートル、深さ2メートルの水槽がある。小中学校の教室を二つ並べ、それよりもやや広いくらいの大きさだ。その中には、ケルプの偽草が数本設置されている（※1）。

この水槽の中を泳いでいる古生物は、1頭のメトリオリンクス（※2）。ヨーロッパの海に〝出現〟したワニの仲間だ（※3）。もっとも、「ワニ」とはいっても、現生のワニ類……たとえば、クロコダイルやアリゲーターなどの〝なじみ深いワニ〟とはだいぶ姿が異なる。顔つきこそ吻部が細く、ガビアルの仲間に似ているが、四肢は完全にひれとなり、尾の先にも三日月型の尾びれがある。現生のワニ類がもつような、背中の鱗板骨もない（※4）。

泳ぎ回るメトリオリンクスの姿を十分に堪能したいなら、水槽脇の階段を降りるとよい。フロア自体は2階なので地下ではない〝半地下〟になっているそこには、水槽の真下につくられた小さな部屋がある。じつは水槽の底の半分はアクリルガラスになっており、下からのぞき込むことができる仕様となっているのだ。なお、水槽の残りの半分には、砂が敷かれている。

水槽の脇に設置された50インチほどのディスプレイでは、現生のクロコダイルやアリゲーターの動画が常時上映されている。メトリオリンクスと比較をしてみるとよいだろう。なぜ、同じワニの仲間で、これほどまでにちがいが出たのか。進化について親子で話してみることもおすすめだ。

ストレスに気をつけて

古生物が〝出現〟するようになって、海岸に座礁したり、定置網に迷入したりする種も増えてきた。地中海で問題になっているのは、メトリオリンクスのような海棲のワニの仲間による漁業への影響だ（※5）。

そこで、国際自然史保護連合（ＩＵＣＮＨ）のヨーロッパ事務局は、現地の水族館と協力して海棲のワニたちを保護し、水棲古生物の飼育能力のある水族館へと送っている。

この水族館に送られてきたメトリオリンクスは、雌雄1頭ずつの合計2頭。じつは、展示水槽で飼育されている1頭のほかに、非公開水槽の中でもう1頭が泳いでいる。これは、現生のワニの仲間が喧嘩しやすいことに準じた仕様で、メトリオリンクスも同じ水槽で2頭を同時に飼うこと

上にご注目！　メトリオリンクスが水槽の上を泳ぐと、腹側から観察することができます。ひれや尾がよく見えますよ。

はない。また、一定の期間で展示水槽の個体と、非公開水槽の個体を入れ替えることにしている。

非公開水槽は、ゲートによって展示水槽とつながっている。このゲートを開けて、二つの水槽を行き来するわけだ。もともとこのゲートは、繁殖を想定してつくられたものだけれども、今のところ、ＩＵＣＮＨはメトリオリンクスの繁殖に関しては、あまり乗り気ではない。増やしすぎた場合の引き取り手が多くないのだ。それなりの個体数が発見、保護されていることに加えて、たとえば、モササウルス類やクビナガリュウ類ほど、一般客層の人気がないことも原因となっている。

なお、繁殖を想定していないとはいえ、繁殖期でゲートの向こうに異性がいるとわかれば、メトリオリンクスのオスはダンスをする。そのダンス自体は、見ものといえるだろう（※６）。

ともあれ、飼育には、さまざまな注意も必要となる。ワニの仲間はストレスに弱い。ともすれば、ストレスからくるハンガーストライキなどで、死に至ることもある。

当然のことながら、野生のメトリオリンクスは、真下に人がいることには慣れていない。そこで、搬入当初の展示水槽では、底面のアクリルガラスには砂底を模したシールが貼られていた。水槽脇の階段も使用禁止だった。メトリオリンクス

のようすを見ながらテープを剥がし、下面からの観察に少しずつ慣れさせたのだ。

イカの与えすぎにも注意

野生のメトリオリンクスは、頭足類を主なえさとし、水族館でもイカを好む傾向がある。でも、与えすぎには注意が必要だ。イカに含まれるリンが骨格異常を招く恐れがあるからだ。

そのため、この水族館ではイカのほかにサバやホッケ、イワシ、シシャモなどを飼料として採用し、サプリメントでカルシウムやビタミンを補うことにしている。給餌量は、1週間に体重の8~10パーセントが目安。これを朝夕2回に分けて与えている。なお、与え方は、水面からの投げ入れだ。

もっとも、ワニの仲間全体にいえることとして、冬季には食欲が低下する。そのときには、餌量の調整が必要となる。

一方、夏季にはえさの入ったアイスブロックを与えることもある。アイスブロックを壊しながらの食事は、ストレス解消によいのだろう。メトリオリンクスたちにも好評だ。

アイスブロックは、メトリオリンクスのストレス解消にも役立つ。

大型魚竜類

ショニサウルス

古生物監修

林 昭次

岡山理科大学

ゆっくりと泳ぐイルカのような動物。しかし、それはイルカではなく、「魚竜類」とよばれる海棲の爬虫類だ。この水族館にいるのは、その最大種として知られる存在である。

2階構造の観覧席で見るその迫力の姿は、水族館における人気展示の一つとなっている。

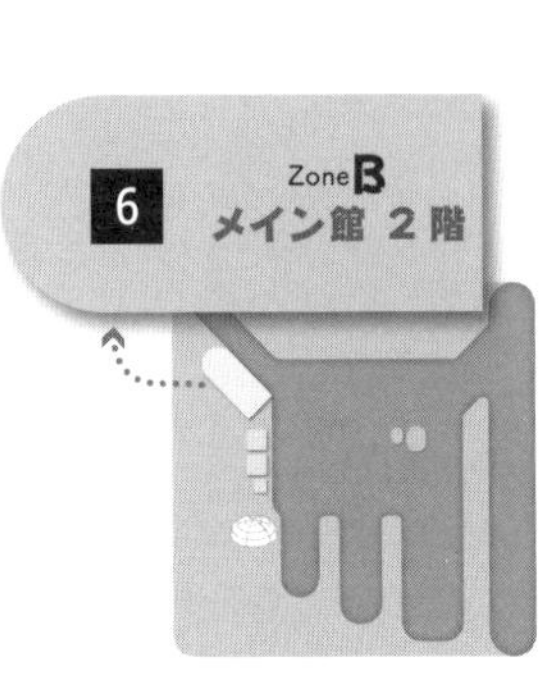

学名：*Shonisaurus*
分類：魚竜類
本来の生息時代：中生代三畳紀
古生物保護条約カテゴリー「一」
全長10メートルを超える大型の魚竜類です。

巨大水槽は、2階層の観覧通路で

この水族館には、大型種の保護に備えて、多数の巨大水槽が用意されている。その一つが、幅45メートル、奥行き45メートル、深さ7・5メートル、水量1万5200トンの水槽だ。

この巨大水槽の現在の〝住人〟は、イルカ似の巨大な爬虫類、ショニサウルス（※1）。

ショニサウルスは、イルカのような姿をしているけれども、イルカではない。「魚竜類」とよばれる海棲の爬虫類だ。「竜」という漢字を使うものの、恐竜類とはまったく異なるグループに分類される。

ショニサウルスは、「大型の魚竜類」の代表的な存在である。この水族館で飼育しているショニサウルスは大小2個体。母子の関係にある（※2）。このうち、母のサイズは、全長10メートルを超える（※3）。湾に迷い込んだ個体を保護したところ、このサイズまで成長した。

この巨大水槽でアクリルガラスになっているのは、1面だけだ。そこに2階層の通路が隣接し、来場者は低い位置と高い位置の両方からショニサウルスを見ることができる。照明に工夫があり、奥の壁面は見えないようになっている。そのため、来場者はとてつもなく広い水槽でショニサウルスの母子が泳いでいるように見える。

なお、アクリルガラスには、縦にラインが入っている。これは、ショニサウルスにアクリルガラスの存在を知らせる工夫だ。ショニサウルスの遊泳速度はけっして速くないけれども、ガラスに衝突すれば、やはりケガをしてしまう。事前対策は必要なのだ。

予備水槽は、可動床で

観覧通路から見えない奥の壁には、幅5メートル、高さ5メートルほどのゲートがある。ゲートの先にあるのは、馴致、繁殖、治療用の予備水槽（非公開）。その大きさは、展示水槽をひと回り小さくした程度。

予備水槽の壁面には、縦横1メートル四方の観察窓が、高さと位置を変えて合計10個設置されている。飼育員や獣医師はこの窓を通じて、予備水槽内のようすを見る。

予備水槽に入れた個体の体調に異常を感じたら、可動床の出番だ。予備水槽の床は、油圧式でゆっくりと上昇する。床には小さな穴が無数に開いていて、上昇しながら水が抜ける。そうして水面まで上がると、ショニサウルスは動きがとれなくなる。こうして動きを止めたショニサウルスに対して、さまざまな処置を施すわけだ。なお、魚竜類は肺呼吸であるため、これで窒息することはない。

たまには大型クラゲを

ショニサウルスのえさは、サケ、サバ、ホッケ、シシャモ、スルメイカなど（※4）。水槽上の非公開エリアから音を鳴らすとショニサウルスが顔を出して口を開ける。その口にえさをバケツで放り込む。えさの量は、1日あたりそれぞれの体重の1〜3・5パーセントを基準とし、体調と体重の変化を見ながら調整する。

ヒゼンクラゲ、ビゼンクラゲ、エチゼンクラゲなどの大型クラゲを入荷できたときは、〝ご馳走〟だ。生きたままの大型クラゲを水槽に入れると、ショニサウルスは喜んで追いかけて、捕食する。こうした行動を促すことは、ショニサウルスのストレス軽減にもつながる。

大型クラゲは、ショニサウルスのたまのご馳走。

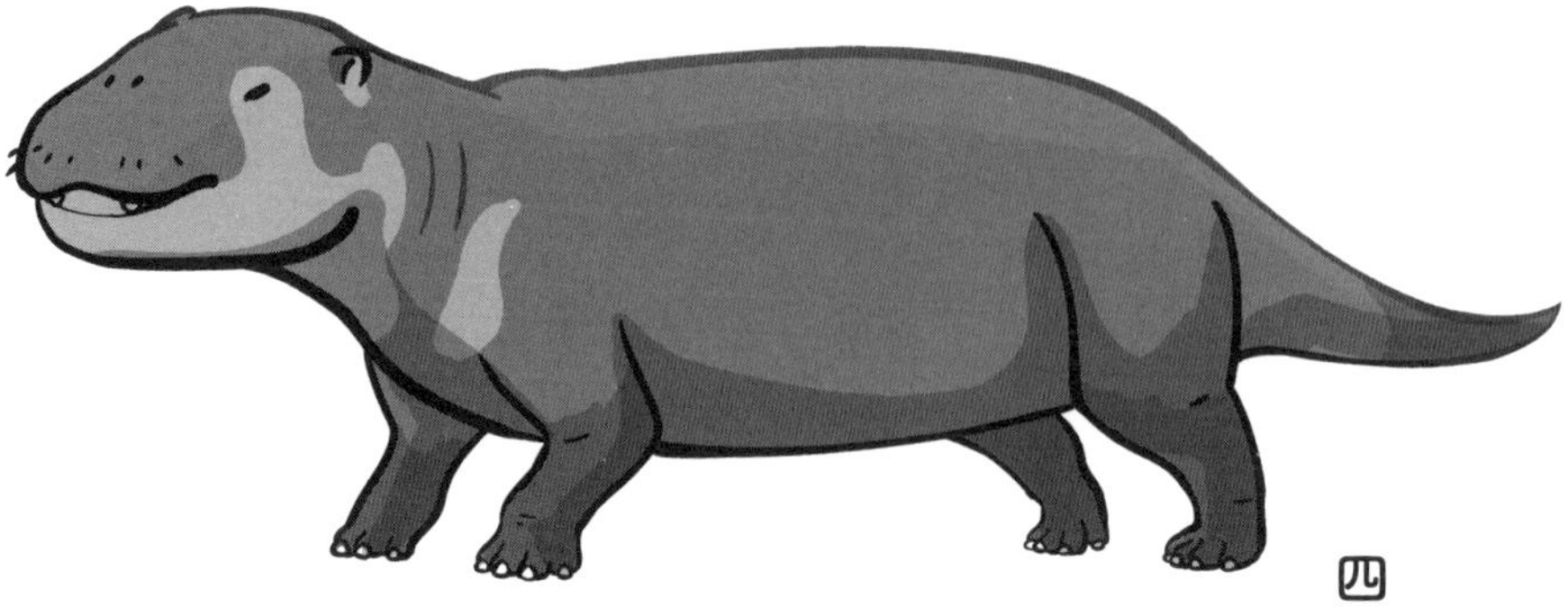

四肢のあるカイギュウ

ペゾシーレン

古生物監修
田中嘉寛
大阪市立自然史博物館

最も原始的なカイギュウ類とされるペゾシーレン。

この水族館では、来場者による給餌体験ができる動物として、高い人気を集めている。

カイギュウ類ながらも、四肢のあるペゾシーレン。ぜひとも、体験でその姿を記憶に刻みたいところだ。

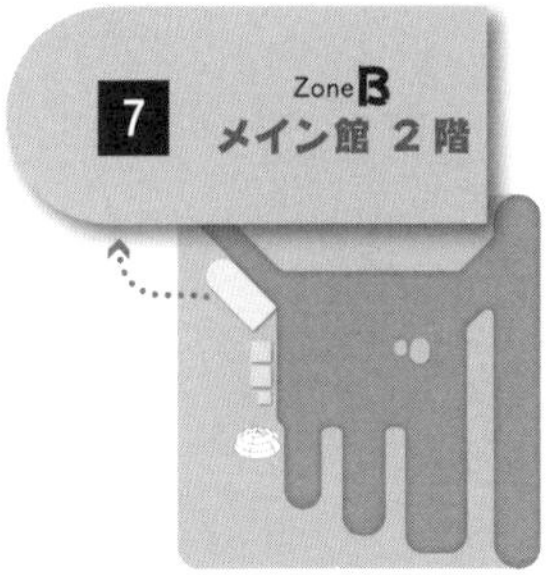

学名：*Pezosiren*
分類：カイギュウ類
本来の生息時代：新生代古第三紀始新世
古生物保護条約カテゴリー「C」
最古級のカイギュウ類の一つです。

あしのあるカイギュウ

カイギュウ類といえば、ジュゴンやマナティーなど、長い胴と胸びれ・尾びれをもつ海棲の哺乳類。「人魚のモデル」として知られている。

そんなカイギュウ類も、原始的な種類には四肢があり、尾びれはなかった。国際自然史保護連合（ＩＵＣＮＨ）が、「教育的価値・研究的価値が高く、教育機関・研究機関における積極的な飼育と保全研究が求められる」として、国際古生物保護条約で「カテゴリーＣ」に位置づけるペゾシーレン（※1）は、まさにその〝原始的なカイギュウ類〟の一つだ。四肢があり、尾びれがない。カイギュウ類の進化の鍵を握るとされ、その生態を明らかにするために、箱罠を使って捕獲され、飼育と研究が進められている。

ペゾシーレンの大きさは、成体で全長2メートルほど。現生のカイギュウ類と同じく、寸詰まりの吻部が愛嬌を感じさせる。

ペゾシーレン・エリアは、南北50メートル、東西50メートルの広さがある。その半分は、最大水深3メートルほどのプールで、その水はやや温かい（※2）。また、水をきれいに保つための大型の濾過装置を水槽外部に設置している（※3）。

エリアの残りの半分は砂浜になっている。砂浜の一部に擬岩による高い岩山があり、日陰ができる。そして、奥の5分の1ほどは、柵によって隔離されている。

手前の広い場所には、母1頭、子1頭のペアをつくるペゾシーレンが、合計3組暮らしている（※4）。奥の隔離スペースにいるのは、1頭のオスだ。

エリア全域が柵とアクリルガラスで囲われている。そして、3カ所だけ、エリア内に柵が突出した場所がある。この場所は、1日数回の給餌体験ができるコーナーだ（※5）。

カロリーを計算して

えさやりの回数と量は、ペゾシーレンの体重・体調などをもとに、カロリーを計算して決められる。一般的には、1日あたり体重の4～9パーセントが目安だ。

えさやり体験の飼料は、おやつ程度として果物が主体。スイカを使う場合が多い。閉園後には、海藻などが与えられることもある（※6）。

3カ所の給餌体験コーナーは、それぞれのペアに対応している。ペゾシーレンたちがたがいに干渉しないことを意識してのもので、事前に予約をした来場者だけがそれぞれの給餌体験場からえさを与えることができる。オスは給餌体験の対象外だ。

疾病は、白内障や足裏の皮膚炎などがとくに警戒されている（※7）。ペゾシーレンの気性は基本的におっとりとしており、陸地でも水中でも素早く動くことはできない。閉園後に陸地でえさを見せれば、ゆっくりのっそりと近寄ってくる。各種健康診断は、そのときにおこなわれる。

給餌体験は、事前予約が必要です。ペゾシーレンの体調などで、おこなえない場合もあります、ご了承ください。

今度は絶滅させない！

ステラーカイギュウ

18世紀に人類が狩り尽くし、絶滅させてしまったステラーカイギュウ。“出現”によって、彼らに再び出会うことができた今、その保護は喫緊の課題となっている。

古生物監修

田中嘉寛

大阪市立自然史博物館

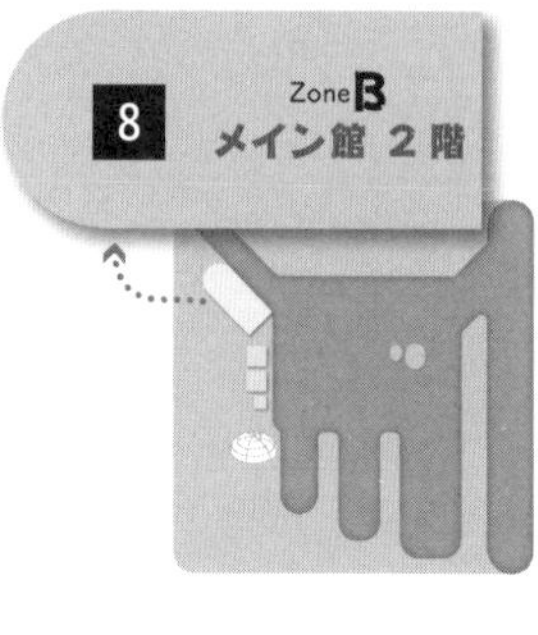

学名：*Hydrodamalis giga*
分類：カイギュウ類
本来の生息時代：新生代第四紀更新世～現代
古生物保護条約カテゴリー「A，C」
かつて人類が滅ぼしてしまった動物。
再発防止が喫緊の課題となっています。

滅ぼしてしまったカイギュウ

1768年。日本では、徳川十代将軍家治（なにかと有名な「吉宗」の孫）の時代。カムチャツカ半島で、あるカイギュウ類が姿を消した。

ハイドロダマリス・ギガス（※1）。

その姿は、マナティーやジュゴンとよく似ている。ただし、アメリカマナティーの2倍、ジュゴンの2・7倍に相当する全長8メートルという巨体の大型種だ（※2）。

ハイドロダマリス・ギガスは、発見者のゲオルグ・ヴィルヘルム・ステラーにちなんだ名前の方が有名かもしれない。「ステラーカイギュウ」、あるいは、「ステラーダイカイギュウ」だ。

ステラーカイギュウは、新生代第四紀更新世から太平洋の北部沿岸で群れをなして暮らしていた。しかし、1741年にステラーが乗船していたロシアの探検船によって発見されると、その後、一気に数を減らすことになった。

なにしろ鈍重で狩りやすく、大型ゆえに食いでもある。食糧として最適だった。そしてなによりも〝おひとよし〟で、人間に嫌なことをされると、一旦は沖合に遠ざかるものの、ほどなく戻ってくるという生態だった（※3）。

瞬く間に狩り尽くされ、発見から27年で姿を消した。

もちろん、当時の人々にも、さまざまな事情があったはずだ。だから、一概にこの絶滅を責めることはできないかもしれない。

しかし、〝出現〟によって再び姿を見ることができるようになった今、国際自然史保護連合（ＩＵＣＮＨ）は、人類による絶滅を二度と繰り返さぬよう、その保護に力を入れている。〝出現〟でステラーカイギュウの姿が確認できたその年のうちに、ステラーカイギュウを国際古生物保護条約の「カテゴリーA」と「カテゴリーC」にダブル指定。

「密猟の危険などに晒されており、至急の保護が必要である」と「教育的価値・研究的価値が高く、教育機関・研究機関における積極的な飼育と保全研究が求められる」の両方の視点から、対処に乗り出した。〝出現国〟であるロシアとアメリカは、そして近隣の日本にも、保護と研究が強く要請された。

その歴史を知ってもらうこと

ＩＵＣＮＨの当初の方針は、〝出現域〟を保護区域に指

定し、人類の関与を一切なくすことにあった。しかしその後、〝出現〟が続き、地元の人々の生活を圧迫するようになってきたため、各国の指定水族館への搬送・保護と、その研究と飼育を進めるようになった。

ステラーカイギュウの展示は、「人類が滅ぼした」という経緯があるため、どの国の水族館でも教育色の強いものとなっている。

日本のこの水族館でも、歴史的経緯を説明したパネル展示から始まる。探検隊による発見から、当時の記録、そして絶滅などが説明され、その先で現在のIUCNHの対応が解説されている。

そうした教育展示の先に用意されている水槽は、幅30メートル、奥行き30メートル、水深4メートルの大きさ。水はやや冷たい（※4）。この水槽で、3頭のステラーカイギュウが泳いでいる。今のところ、すべてメスだ。

いかにステラーカイギュウが人懐こい動物であるかを体験するコーナーもある。

そこは、メインとなる水槽とつながった深さ60センチメートルほどの浅瀬となっている。事前予約制ではあるものの、予約さえすれば、ウェットスーツとライフジャケットを着込

んでこの浅瀬に入ることができる。もちろん、飼育員も一緒だ。

すると、ステラーカイギュウが浅瀬に寄ってきて、半身を水面上に出しながらも、来場者に寄り添うのだ。事前の教育展示とあわせることで、来場者はかつての自分たちが滅ぼしてしまった動物の生態を実感することになる。

食事は1日2回。昆布とレタスが中心だ。昆布はステンレス製の網に結びつけて、レタスはえさ箱に入れて、それぞれプールの底に沈める(※5)。量は、体重の4～9パーセントが目安となる。

浅瀬は、寄り添い体験だけではなく、日常の健康診断にも使われる。

なお、IUCNHの方針でこの水族館でも、今後はオスを受け入れて、繁殖をおこなうことになっている。現在の水槽の隣に、新たな水槽をただいま建設中だ。この水槽が完成すると、両水槽はゲートのある水路でつながり、たがいの水槽を行き来できるようになる。

夜行性のモササウルス類

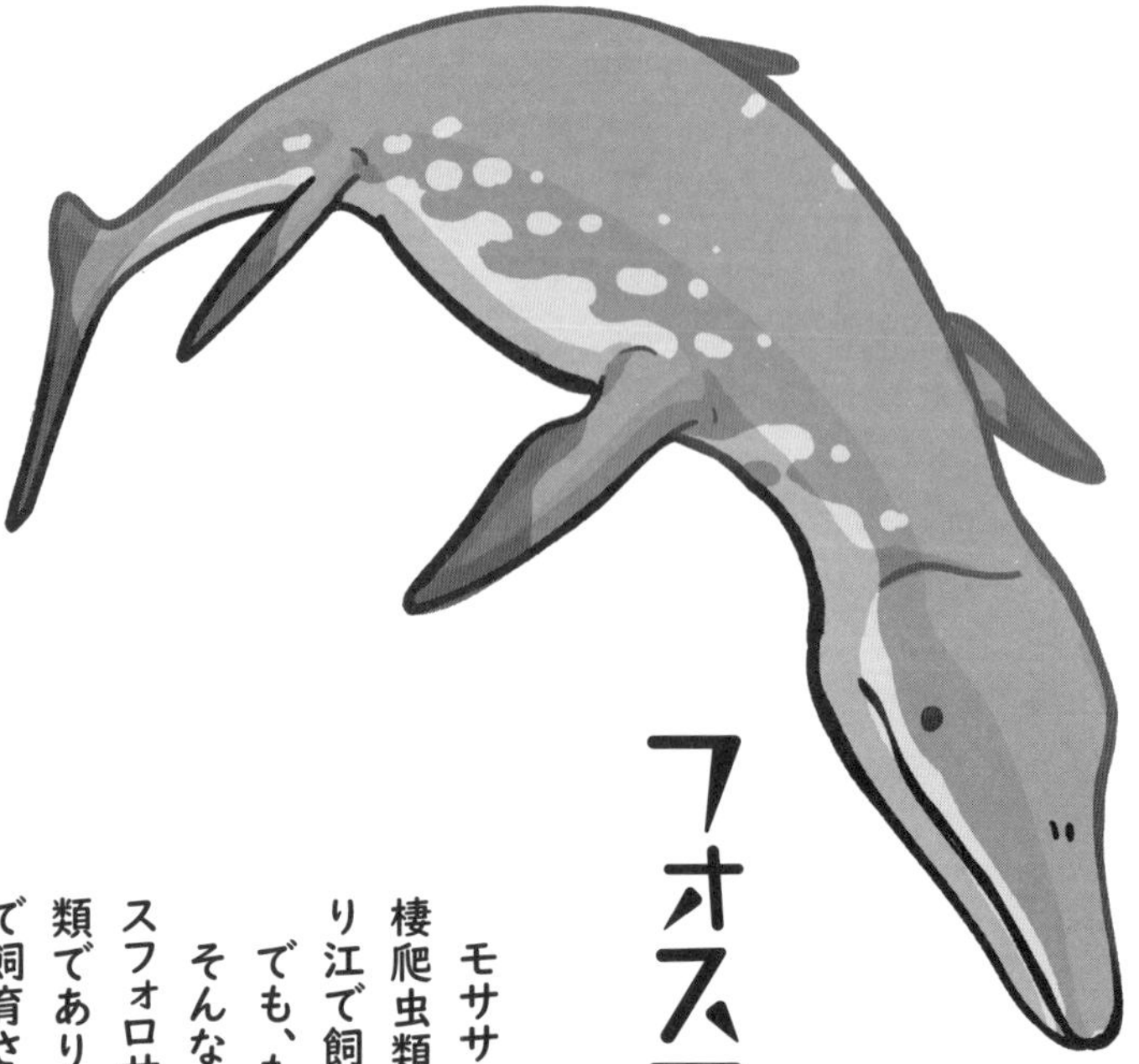

フォスフォロサウルス

古生物監修
小西卓哉
シンシナティ大学

モササウルス類といえば、「大きな海棲爬虫類」。事実、この水族館でも、入り江で飼育している大型種が人気だ。でも、もっと身近で見てみたい！そんな思いに答えてくれるのが、フォスフォロサウルスだ。同じモササウルス類でありながら、こちらは館内の水槽で飼育されている。ただし、その展示空間は、ちょっと変わっている。

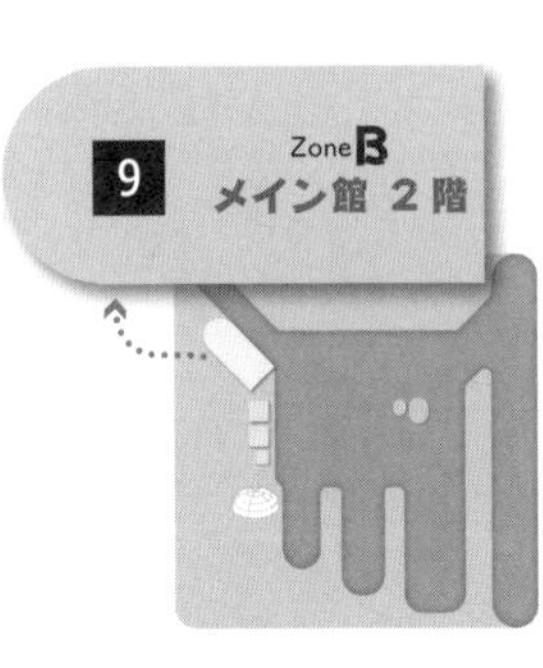

学名：*Phosphorosaurus*
分類：モササウルス類
本来の生息時代：中生代白亜紀
古生物保護条約カテゴリー「一」
日本でも化石がみつかっている古生物です。

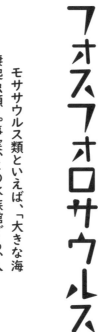

昼夜逆転の水槽で

館内の通路を歩いていくと、照明の落とされた薄暗い空間へとつながる。その空間の先にあるのは、水深5メートル、奥行き10メートル、幅60メートルの水槽だ（※1）。

水槽の中には、大小の擬岩が配置され、まるで月明かりのようなぼんやりとした照明で照らされている。通路を歩くあなたも、まるで夜の海に迷い込んだような錯覚になるかもしれない。

この水槽を泳いでいるのは、フォスフォロサウルスだ（※2）。大きなもので全長3メートル。どことなくトカゲのような姿をしているけれども、四肢はひれだし、尾びれもある。吻部は鋭く突出していて、真正面から見ると前を向いた両眼が確認できる（※3）。「モササウルス類」とよばれる海棲爬虫類の一員だ。でも、この水族館の入り江で泳いでいるモササウルスのような大型種じゃない。

そんなフォスフォロサウルスが、大小5頭。

そう、5頭。1、2、3、4……と数えてみて、「足らない？」と思ったら岩陰を探してみてほしい。きっとそこで休んでいるはず。

フォスフォロサウルスの水槽が暗いことには、もちろん理由がある。フォスフォロサウルスは、モササウルス類としては珍しく夜行性なのだ（※4）。そのため、この水槽は、日中の開館時間帯には暗く、閉館後の夜になったら照明が明るくなるように設定されている。つまり、この場所は昼夜逆転ゾーンとしてつくられている。

ちなみに、薄暗い通路は、水槽内から通路を歩く来場者が見えないようにする工夫でもある。通路の照明を水槽の照明よりも暗くすることで、フォスフォロサウルスからは来場者を見ることはできない。これは、フォスフォロサウルスたちのストレス軽減につながっている。

えさは冷凍魚が中心

フォスフォロサウルスは、日本近海に〝出現〟する。とくに、北海道で確認されることが多い。まれに、回帰してきたサケを捕まえるための定置網に入っている。この水族館で飼育している5頭は、定置網に入って弱っている群れを保護したものだ（※5）。運搬にあたっては、獣医師立ち合いのもと、複数の組み立て槽が使われた。

こんなこともあろうかと、水族館には夜行性用の水槽が用意されている。保護したフォスフォロサウルスは、検疫などの諸手続きを終えたのちに、この水槽へ。

フォスフォロサウルスたちのえさは冷凍魚が中心（※6）。サバ、ホッケ、シシャモ、スルメイカなどを、フォスフォロサウルス1頭あたり2～7キログラム与えている。

なお、環境が変わったことで、飼料に反応しなくなってしまった場合には、生きたニジマスを入れてようすを見ることもある（※7）。ただし、これは「どうしても」の場合である。〝出現〟した生き物の生存のために〝生きた現生種〟を使うかどうかは、議論のあるところだ。

展示用の水槽の裏には、非公開で同規模、同じつくりの水槽も用意されている。こちらは、療養などで隔離をするときに用いる。

このエリアは夜行性仕様となっています。フラッシュなどの強い光は、ご遠慮ください。

太古のペンギンたち

ワイマヌ インカヤク パラエウディプテス

古生物監修
安藤達郎
足寄動物化石博物館

古生物の〝出現〟が続くなか、ペンギン類にも原始的な種類がいくつも確認できるようになった。

こうした太古のペンギン類は、今のところ、何の問題もなく、〝出現地〟の生態系に溶け込んでいるように見える。

しかし、将来は不明だ。

国際自然史保護連合は、将来の保護区の設置なども見据えて、この水族館に飼育と研究、そして啓蒙を依頼している。

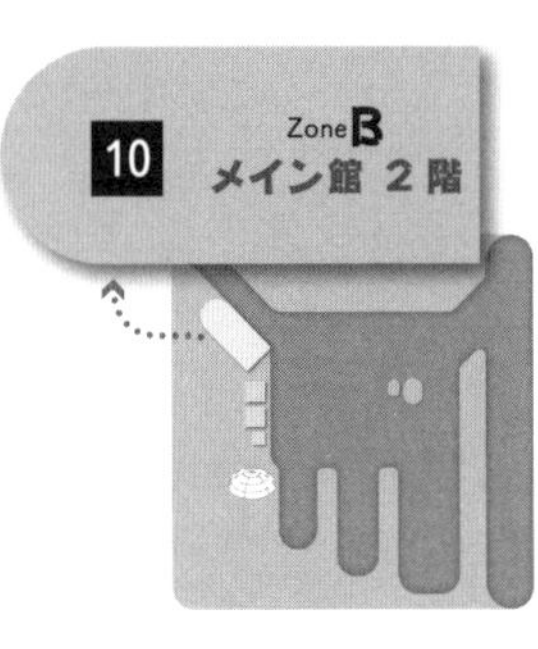

学名：*Waimanu*
Inkayacu
Palaeeudyptes
分類：ペンギン類
本来の生息時代：
ワイマヌ：新生代古第三紀暁新世
パラエウディプテス；新生代古第三紀始新世～漸新世
インカヤク：新生代古第三紀始新世
古生物保護条約カテゴリー「一」

三つの異なる水槽で

館内の一角に、「ペンギン・ゾーン」がある。もちろん、この水族館の飼育対象は、古生物だ。ペンギン・ゾーンにいるペンギンたちも例外じゃない。

ペンギン・ゾーンには、独立した三つの水槽が用意されている。それぞれの水槽はほぼ同じ広さで、幅10メートル、奥行き5メートルのプールと、幅10メートル、奥行き5メートルの陸地で構成されている。

もっとも、広さは同じであっても、個々の雰囲気はまるでちがう。

一つ目の水槽は、プールの水が温かい。その水深は、最大で5メートルに達し、ペンギン・ゾーンのフロアよりも深い場所に水底があり、観覧通路からその底を見ることはできない。

二つ目の水槽は、プールの水が茶色だ。少し濁っている。水深は3メートルほど。観覧通路から、この水槽の下にもぐり込むアクリルトンネルがつくられており、濁った水中を下からのぞき込むことができる。また、陸地の壁面にゲートが用意され、そこからスロープが観覧通路へとのびていて、出入りが可能となっている。

三つ目の水槽は、先の二つの水槽と比べるとプールの水がやや冷たい。水深は10メートルほどとかなり深い。観覧通路もプールの側面に沿うように、下方へと3層構造になっている。この水槽にだけ、陸地の一角のやや高い位置に、鉄柵で囲われた飼育員用のスペースが用意されている。

なお、このゾーン全体の特徴として、照明の明暗が季節変動するようになっている。野外の季節変化と連動してのもので、この変動によってペンギンたちは季節の変化を感じ、換羽をおこない、繁殖する。

ペンギン・ダイビングで、身近に感じる

今のところ、〝出現〟したペンギン類は、現地の生態系への影響が確認されておらず、人類への脅威も報告されていない。そのため、国際古生物保護条約で定めるどのカテゴリーにも抵触していない。ただし、それはあくまでも、「今のところ」だ。国際自然史保護連合（ＩＵＣＮＨ）は将来に備えて、こうしたペンギン類の生態を分析し、また古生物保護の啓蒙を進めるために世界各地の指定水族館で飼育と研究、教育普及活動を進めている。ＩＵＣＮＨの専

ペンギンゾーン。左から、
ワイマヌ、インカヤク、
パラエウディプテスの水槽
です。

門チームが営巣地から有精卵を持ち帰り、それぞれの飼育施設で孵化をおこなっているのだ。

この水族館の三つの水槽では、それぞれ異なるペンギン類が飼育されている。数は各20羽前後。

一つ目の水槽にいるのは、ワイマヌだ（※1）。身長90センチメートルほどで、その姿はペンギンというよりもウ（鵜）に近い。すなわち、首やクチバシが細長く、翼も細い。ワイマヌは、もともと穏やかな気性のペンギン類として知られている（※2）。さらにこの水族館のワイマヌたちは、人工保育で育っているため、人懐こい。

この水族館では、希望者は酸素の供給されるヘルメットをつけて、プールの底を歩くことができる。すると、ワイマヌが寄ってきて、まるで泳ぎを教えるかのように参加者のまわりを泳ぐ。ペンギン類と比べてどことなくぎこちない泳ぎや、ペンギン類との体のちがいなどをじっくりと見ることができる。

この水底ウォークを楽しむためには、事前予

インカヤクのパレードは1日1回。健康のためにも大切だ。

約が必要だ。当日は水着を持参する必要がある。希望者は、料金を支払い、水着に着替え、事前講習を受けてからの参加となる。参加人数は1回最大10名まで。1日2回ほど開催されるこのイベントは、大好評。3カ月先までは予約で埋まっている。なお、このイベントへの参加料金は、ペンギン類の保護活動へと全額寄付されることになっている。

ペンギン・パレードで健康管理

二つ目の濁った水槽にいるのは、インカヤクだ(※3)。身長150センチメートルほどのこのペンギン類は、ほかのペンギン類とは異なる特徴がある。ペンギン類といえば、黒色と白色の〝タキシード姿〟が基本。でも、インカヤクは、灰色と赤褐色なのだ(※4)。

この色合いは、インカヤクが暮らしていた水質と関係がある。彼らは澄んだ水よりも濁った水を好む傾向にあり(※5)、この水槽のプールでも、専用の循環装置のもとに濁りが人工

パラエウディプテスの水槽では、安全のため、飼育員はフル装備で作業する。

的につくられている。なお、この濁りはあくまでも管理されているので、衛生上の問題があるわけじゃない。プールの下を歩くことができるアクリルトンネルは、濁ったプールで泳ぐインカヤクを少しでも近くで見るためのものだ。

インカヤクは、ワイマヌよりは警戒心が強い（※6）。でも、この水族館のインカヤクたちは、幼いころからのトレーニングによって、パレードができる。1日1回、水槽脇のゲートとスロープを使って観覧通路まで列をつくって歩き、ペンギン・ゾーンを1周する。もちろん、列の前後左右には飼育員が寄り添って、不測の事態へと備える。

インカヤクのパレードは、単なるエンターテイメントではない。じつは、一般にペンギン類は、あまり歩かないでいると、足裏への血流が悪くなり、「バンブルフット」とよばれる炎症をおこすことが多い。その発症予防として、意図的に歩かせるパレードは有効なのだ。

安全面に気をつけて

三つ目の水槽では、パラエウディプテスが飼育されている（※7）。このペンギンは、とにかく大型だ。身長は170センチメートルに達し、体重は115キロもある。しかも、クチバシは、まるで西洋の細身剣のように細くて鋭い。

パラエウディプテスは、基本的におとなしい性格をしているけれども（※8）、なにしろ、この巨体とクチバシである。同じ空間に人が入るのは危険だ。そのため、パラエウディプテスに関しては、水底ウォークもパレードも実施されていない。

えさやりに関しても、ワイマヌとインカヤクの場合は、飼育員がペンギンに寄り添うように与えることに対して、パラエウディプテスは、鉄柵で囲われた飼育員用のスペースから安全を確保して与える。

たまにバキューム清掃

えさは、3種とも共通で、冷凍したサカナにサプリメントを含ませて与える。1日あたりの目安量は、ワイマヌの場合で400〜600グラム、インカヤクの場合で1・2〜1・8キログラム、パラエウディプテスの場合で2・4〜3・6キログラム（※9）。あとは、体重や食欲などを確認しながら調整する。そして、換羽期に入ったらえさの量を減らす（※10）。

清掃は、閉館時間に。鳥類であるペンギン類の糞尿は、陸上では固まりやすく、固まってしまうと取りにくくなる。そのため、固化する前に清掃で取り除くことが一般的だ。ペンギンたちのいる水槽に飼育員が入っておこなう。パラエウディプテスの場合は、頭部も顔もしっかりと保護できるヘルメットと防刃ベストを着用し、清掃担当のほかに、警戒担当もともに行動する。やはり、大きいことは危険なのだ。

なお、1週間に1度はプールの清掃も。ペンギン類の尿は水に溶けにくいため、プールの底にたまる。その尿をバキューム型の掃除機を使って吸い取っていく。

太古のシーラカンス

アクセルロディクティス・ラボカティ

古生物監修
宮田真也
城西大学大石化石ギャラリー

シーラカンスといえば、「生きている化石」。謎の多いサカナとして知られている。

そんな謎のサカナも太古の種の〝出現〟が続いている。しかも、〝出現〟したシーラカンス類は、現生種よりよほど身近だ。

大型で知られるアクセルロディクティス・ラボカティを使って、「生きている化石・シーラカンス」の正体を解き明かそうと、研究が進められている。

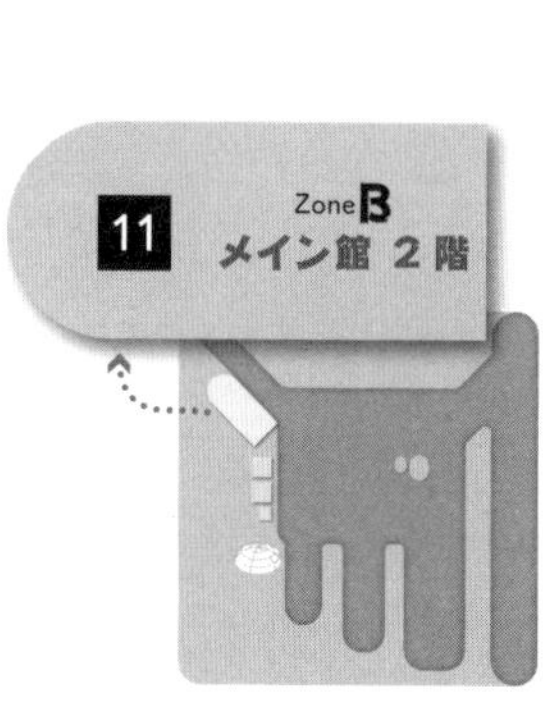

学名：*Axelrodichthys lavocati*
分類：シーラカンス類
本来の生息時代：中生代白亜紀
古生物保護条約カテゴリー「C」

生きている化石

古生物が〝出現〟する前から、世界には「生きている化石」とよばれる現生種が生息していた。「生きている化石」とは、一般に、太古の絶滅種に似た姿を残した動植物のことだ。「シーラカンス」もその一つ。

もっとも、「シーラカンス」という言葉は、一つの種を指す種名じゃない。正しくは「シーラカンス類」というグループを指す言葉だ。現生のシーラカンスは、「ラティメリア・カラムナエ」と「ラティメリア・メナドエンシス」の2種が確認されている（※1）。カラムナエはアフリカ東岸沖の深海、メナドエンシスはインドネシアの海底洞窟などでその生存が確認されている。胸びれ、腹びれ、第1背びれ、第2背びれに骨と筋肉でできた柄があることが特徴だ。

ラティメリアの2種が「生きている化石」とよばれる理由は、白亜紀によく似た姿のシーラカンス類がいたからだ。現在では、アフリカ東岸沖とインドネシアの海にしか生息していないけれども、デボン紀から白亜紀までは、世界各地の海に多様なシーラカンス類が生息していた。

古生物が〝出現〟するようになると、太古のシーラカンス類も、各水域でみられるようになった。この水族館では、そんな古今東西のシーラカンス類が展示されている。

モロッコの沿岸または河口域や汽水域で、漁師にとらえられることが増えてきた「アクセルロディクティス・ラボカティ」も、そんなシーラカンス類の一つ（※2）。全体的な印象は、ラティメリアとよく似ているけれども、口先がやや細い。そして、なによりデカい。知られている限り、最も大きなシーラカンス類なのだ。その大きさは、じつに3・8メートルもある。

観覧用と研究用と

現地の漁師にとらえられたアクセルロディクティス・ラボカティは、国際自然史保護連合（ＩＵＣＮＨ）のモロッコ事務局を通じて、世界各地の指定水族館へと運搬されている。日本も調印している国際古生物保護条約では、ラボカティを「カテゴリーＣ（教育的価値・研究的価値が高く、教育機関・研究機関における積極的な飼育と保全研究が求められる）」に指定している。かねてより謎の多かった「生きている化石」の手がかりを、この最大のシーラカンス類を観察することで手に入れようというわけだ。

史上最大級のシーラカンス類をご堪能ください。なお、このイラストの手前はスタッフルームになっています。観覧通路はイラストの奥です。

アクセルロディクティス・ラボカティ

給餌の時間を使って、体表の粘液を採取する。

日本にあるこの水族館でも、ラボカティ用の水槽を準備。このほど、5尾が運びこまれた（※3）。

専用水槽の大きさは、幅50メートル、奥行き50メートル、水深5メートル、水量2000トン。側面はすべてアクリルガラスでつくられている。このうち、一般観覧通路に面しているのは、1面だけ。残りの3面は、研究者だけが見ることができる。

水槽内には、擬岩や擬サンゴが多数設置されている。ラボカティの4メートル近い巨体であっても隠れることができる、そんな人工洞窟も複数設置してある。

観覧通路も、研究者用のフロアも、上下の2層構造。最上層は、水面と来場者の目線があうように設置され、呼吸をするために水面に上がってきたラボカティを観察できるようになっている（※4）。なお、擬岩や擬サンゴ、洞窟の随所に小型カメラが設置され、研究者はそのカメラを通じた観察も可能だ。

えさをやりながらサンプリング

アクセルロディクティス・ラボカティのえさの量は、まだよくわかっていない。そこで、ごく普通に入手できるサカナ

やイカなどを使って、えさの量を探っている。
給餌の際は、飼育員が装備を身につけて水槽にもぐり、その手から直接与える。ラボカティは、穏やかな気性をしているので、飼育員が襲われることはない（※5）。
このとき、同時に複数の飼育員がもぐり、えさやりをしている間に、体表の粘液をサンプリングする（※6）。
交尾・出産は、シーラカンス類をめぐる謎の一つだ。現生種でも不明。また、海外の水族館でも観察例がない。そこで、この水族館では、いつ出産してもよいように、予備水槽が用意されている。なお、この予備水槽には、大中小のさまざまなサイズがあり、水温も調整できる。ラボカティ専用というわけではなく、他種の体調管理などにも使われている。

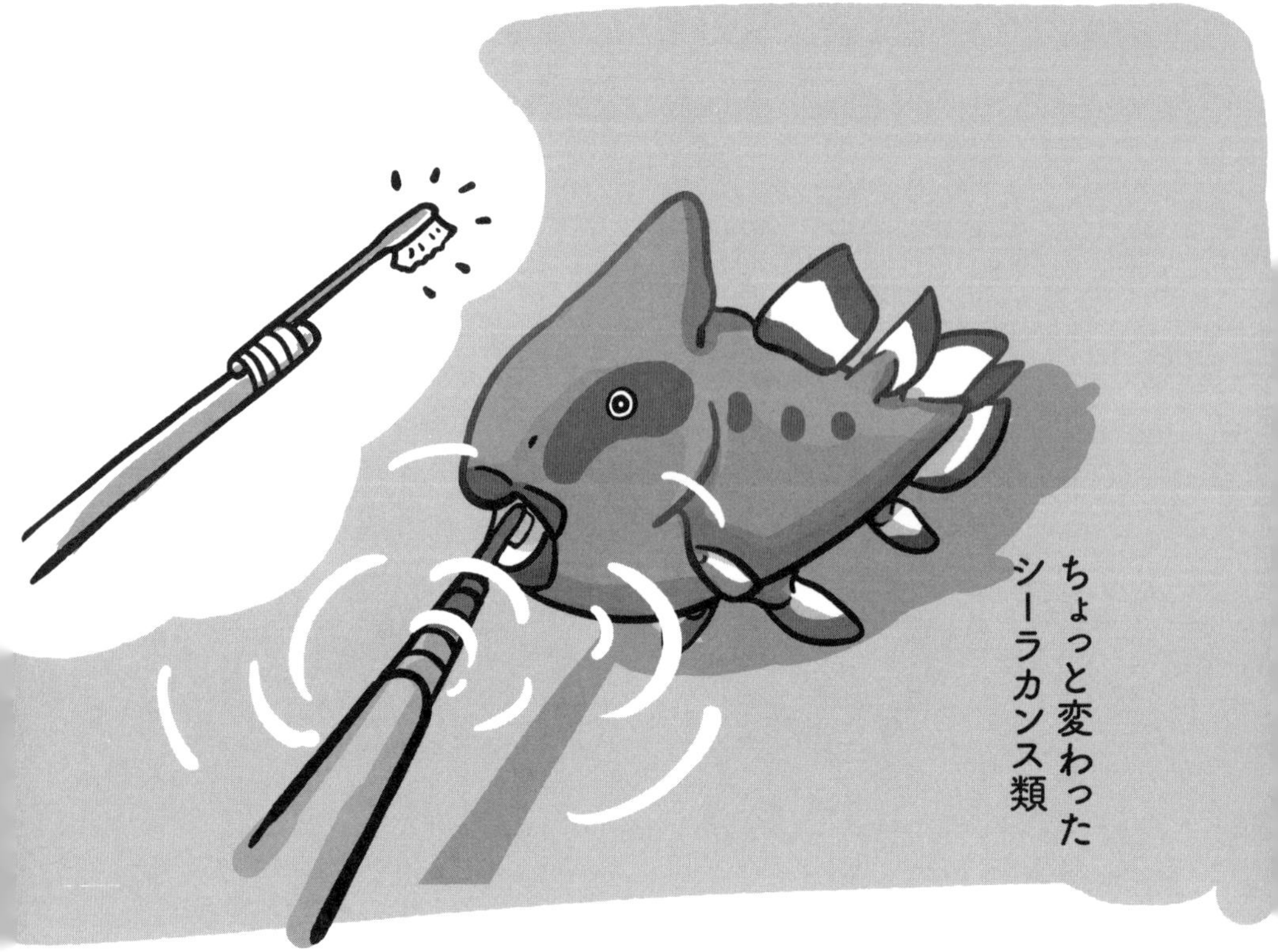

ちょっと変わった
シーラカンス類

古生物監修
宮田真也
城西大学大石化石ギャラリー

フォレイア

この水族館には、古今東西のさまざまなシーラカンス類が展示されている。

　フォレイアは、そんなシーラカンス類の一つ。でも、その見た目は、シーラカンス類には見えないかもしれない。

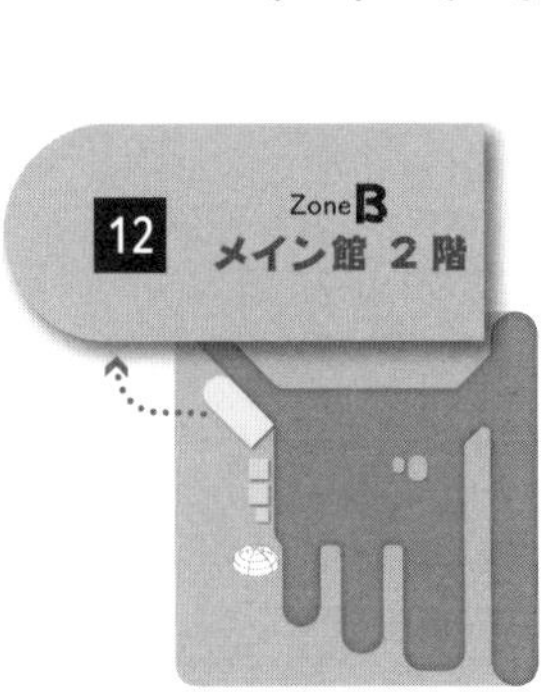

学名：*Foreyia*
分類：シーラカンス類
本来の生息時代：中生代三畳紀
古生物保護条約カテゴリー「C」
「歯磨き体験」ができます。希望の方は、スタッフによる解説時間に水槽前にお集まりください。

小さな水槽で

幅1メートル、奥行き1メートル、水深1メートルほどの水槽が設置されている。高さは、水槽の底が子どもの目線と同じくらい。全面がアクリルガラス張りで、その中には、どことなくブダイに似た姿の全長20センチメートルほどの平たいサカナが3尾、ゆったりと泳いでいる。

そんな姿でも、このサカナはシーラカンス類の一員だ。その名を「フォレイア」という(※1)。

フォレイアは、シーラカンス類の多様性を知ってもらうには、好例だ。一口に「シーラカンス」といっても、サイズも姿も、じつに多様。来場者はアクセルロディクティス・ラボカティとフォレイアを比べることで(※2)、その多様性の一端を感じることができる。ちなみに、フォレイアは地中海で捕獲されることが多い(※3)。その後、各地の水族館へ運ばれている。なお、アクセルロディクティス・ラボカティと同じように、フォレイアも国際古生物保護条約で「カテゴリーC(教育的価値・研究的価値が高く、教育機関・研究機関における積極的な飼育と保全研究が求められる)」に指定されている。

こうして展示されている個体以外にも、バックヤードの研究用水槽で飼育されており、研究のようすは、観覧通路から見ることもできる。

歯磨き体験でもっと身近に

フォレイアのえさは、ムキエビ、オキアミ、ムキアサリなど。必要に応じてビタミンなどが添加され、1日に1回、体重の増減を見ながら与えている。

1日数回おこなわれるのは、「歯磨き体験」だ。現生のクエやハタの仲間は、ホンソメワケベラによるクリーニングを受ける。じつはフォレイアもクリーニングを受けることを好むのだ(※4)。

水槽脇で飼育員がクリーニングの解説をおこない、自然界における「生き物の共生関係」を講義する。その後、飼育員立ち合いのもと、歯ブラシを使ったフォレイアの歯磨きを体験することができる。フォレイアも慣れたもので、歯ブラシを見ると自ら口を開けて寄ってくる。

幻想空間で出会うアンモナイトたち

メタプラセンチセラス
プテロプゾシア
ニッポニテス

古生物監修
栗原憲一
㈱ジオ・ラボ／北海学園大学

海の古生物の代表格といえば、アンモナイト。

一口に「アンモナイト」といっても、多様な種が確認されている。この水族館では、幻想的な空間をつくり、それぞれの種にあった水槽で飼育を進めている。

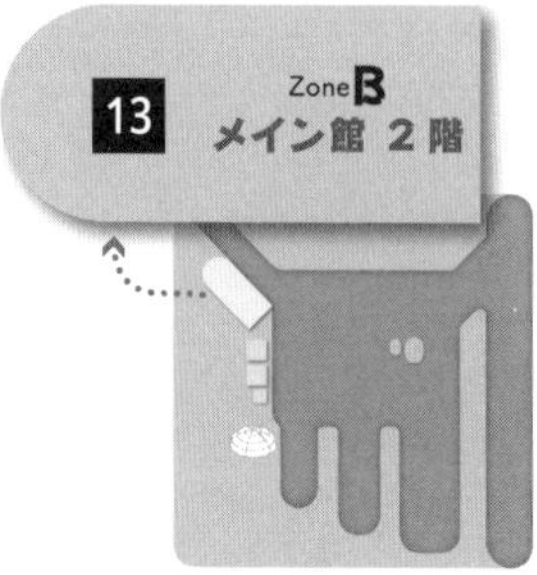

学名：*Metaplacenticeras*
Pteropuzosia
Nipponites
分類：アンモナイト類
本来の生息時代：中生代白亜紀
古生物保護条約カテゴリー「一」

没入感のある部屋で

水族館の一角につくられた薄暗い部屋。面積は小中学校の教室程度。ただし、四角形ではなく円形だ。天井の高さは8メートルほど。

光源は、いくつかある水槽だけ。水槽の中にある弱い灯りが、アクリルガラス越しに部屋を照らす。床に漏れ映る青色の波模様が非日常感を強め、来場者を幻想的な空間に誘う。

この部屋に入ってまず正面にあるのは、短軸2メートル、長軸6メートルの楕円形の水槽だ。この水槽の奥行きは50センチメートルほど。弱い光源が、水槽内で密集して泳ぐ百匹近い大規模なアンモナイトの群れを照らしている（※1）。

このアンモナイトの名前を「メタプラセンチセラス」という（※2）。長径5センチメートルほどの、殻の膨らみが弱いアンモナイトだ。その形状は、どことなく円盤投げの円盤を彷彿とさせる。……円盤よりは、はるかに小さいけれど。

一般にいわれる「アンモナイト」という言葉は、「アンモナイト類」というグループを指している。このグループは、総数1万種を超えるという大所帯だ。アンモナイト類は、〝出現〟以降、世界各地の海で〝普通に〟見られるようになった。この水族館のメタプラセンチセラスは、北海道沖で、かご漁をしている際に紛れ込んだもの。

日本も調印している国際古生物保護条約では、すべての古生物の保護を謳っている。アンモナイト類も例外ではなく、捕獲されたものの大半はそのまま海に帰される。その一方で、一部は国際自然史保護連合（ＩＵＣＮＨ）の指定水族館で、飼育と保全研究が続けられている。

メタプラセンチセラスは、もともと水深0〜50メートルくらいで、水流もある程度は強い水域に棲む（※3）。そのため、この楕円形の水槽でも、強弱の変化する水流が常時流れるようになっている（※4）。

部屋の奥には、壁一面の大きな水槽もある。幅6メートル、奥行きも同程度、高さは8メートル。照明はメタプラセンチセラス水槽よりも薄暗い。

この水槽では、長径1メートルにおよぶ、どっしりとした巨大なアンモナイト類が1匹だけ泳いでいる。その名は、「プテロプゾシア」（※5）。がっしりと厚い殻をもつ。こちらもまたまかご漁で捕獲され、その後、保護されたものだ。

サイズや生態にあわせてつくられた、各アンモナイト専用の水槽をお楽しみください。

ニッポニテスのえさは、キビナゴです。アンモナイトの種類によって、えさの種類やえさやりの方法を変えています。

メタプラセンチセラスの水槽と比べると、プテロプゾシア水槽の水流は弱い。そのかわり、というわけではないが、海底には粒子の細かい砂が敷かれ、その上には殻長数十センチメートルの巨大な二枚貝、「イノセラムス」がいくつか横たわっている（※6）。

こうした大小のアンモナイト類の水槽がいくつも並ぶなかで、部屋の中央には、直径2メートルほど、高さ2メートルほどの円柱水槽も設置されている。水槽の中央部には擬岩が配置され、水底の高さは床から1メートルと少し。弱い灯の中でゆっくりと泳ぐソレは、メタプラセンチセラスやプテロプゾシアと比べるとかなり〝変わって〟いる。

どのように表現すべきか。ヘビがトグロを巻くことに失敗したというべきか。毛糸をむちゃくちゃに巻き付けたというべきか。そんな不思議な姿をしたこのアンモナイトの名前を「ニッポニテス」という（※7）。大きさは、ヒトのこぶしと同程度だ。

そんな見た目でも、ニッポニテスはアンモナイト類だ。とくに「異常巻きアンモナイト」とよばれるものの一つ。ただし、この場合の「異常」とは、病的、あるいは、進化的な異常を意味しない。メタプラセンチセラスやプテロプゾシアなど、多くの人がイメージする「平面らせん巻き」とは異なる巻き方をしているアンモナイトをまとめて、「異常巻きアンモナイト」という。

ニッポニテスの場合も、むちゃくちゃな巻き方に見えても、じつは規則性があり、その規則性は数式で表すこともできる。ニッポニテスは、たしかにメタプラセンチセラスなどと比べると、化石も〝出現数〟も少ないけれども、それでも相当量が捕獲されている。この水族館でも、バックヤードでは専用水槽で、それぞれ十数匹を飼育している。病的、進化的に異常ではないけれども、なぜ、その珍奇な姿をしているのかはやはり謎で、多くの研究者がニッポニテスの飼育実験と観察に勤しんでいるのだ。

残餌回収と健康管理

メタプラセンチセラスのえさはオキアミ、プテロプゾシアのえさはサバ、ホッケ、シシャモ、ニッポニテスにはキビナゴを与える。1日の給餌量は、体重の0・8パーセントを基準としている。

与え方は3者3様で、メタプラセンチセラスは水槽の上から一気に撒く。このとき、展示室側にも飼育員が配置され、食べられなかった個体がいないかどうかをチェック。すべての個体が食べられるだけの量を投入する。

プテロプゾシアは、ボンベを背負った飼育員が水槽内にもぐり、手渡しでえさを与える。

ニッポニテスは、水槽の上のフタを開け、長いピンセットを使って与える。

このうち、注意しなくてはいけないのは、メタプラセンチセラスの給餌だ。なにしろ数が多いし、えさも個別に与えているわけではない。この方法では、どうしても食べ残しが出て、水槽の底部にたまる。そこで、全個体が食べ終わった時点で（満腹になった時点で）、長さ2メートル以上、直径3センチメートルほどの塩ビ管を使って、水槽の底部の残餌を回収する。

健康管理は、朝昼夕の3回と給餌後の1回、飼育員がアクリルガラス越しに調べる。外傷や、なんらかの〝荒れ〟がないかどうかをチェックする。この目視観察は、1日4回がノルマだけれども、……担当者の〝愛情〟が深い場合はもっとおこなう場合もあるようだ。

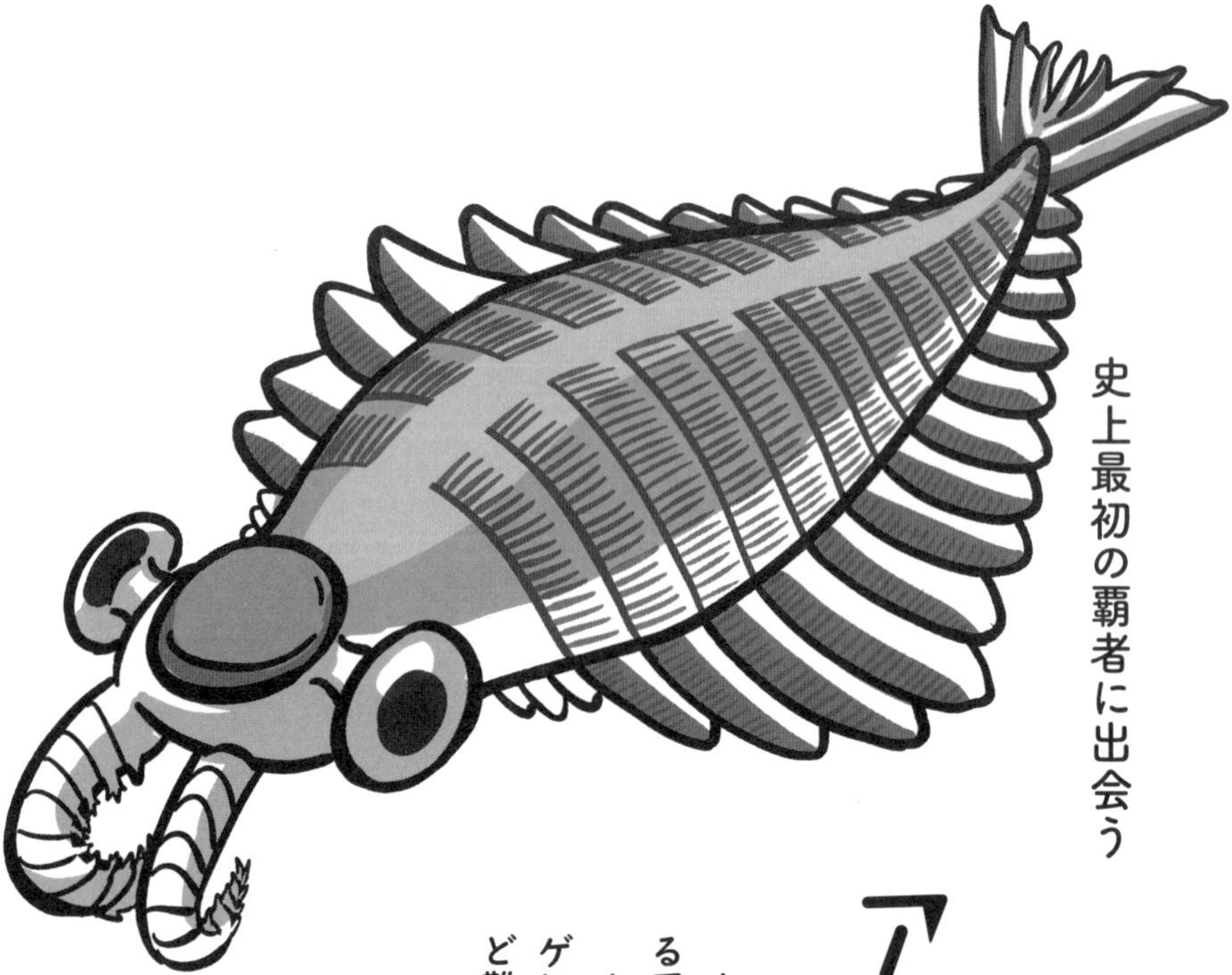

史上最初の覇者に出会う

アノマロカリス

古生物監修
田中源吾
熊本大学

大きな触手をトレードマークとするアノマロカリス。人気の高いこの動物は、触手のトゲにさえ気をつければ、飼育はさほど難しくないかもしれない。

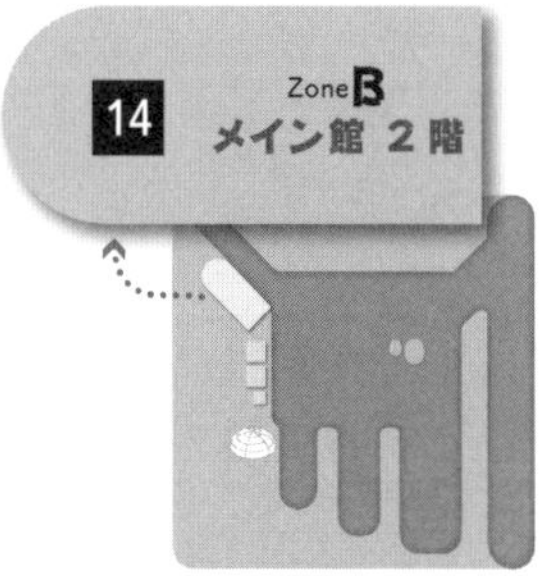

学名：*Anomalocaris*
分類：ラディオドンタ類
本来の生息時代：古生代カンブリア紀
古生物保護条約カテゴリー「C」
頭部から前に突き出た大きなあし（付属肢）が特徴です。

明るい水槽で

水族館内には、天井がガラス張りとなり、館外の陽の光がそのまま水槽に届くように設計されている場所がいくつかある。

アノマロカリス（※1）の飼育水槽もその一つだ。

学校の教室ほどの広さがある部屋の中央に、幅4メートル、奥行き4メートルの水槽がある。その水槽の上部は、高さ3メートルほどの天井と連結していて、水槽の上部からは、天然光が降り注ぐ。

その中で、全長50センチメートルほどのアノマロカリスが3匹、ゆっくりと泳いでいる（※2）。

アノマロカリスは、やわらかい背中にえらが2列になって並んでいる動物だ。その体の両脇に多数のひれ。尾部に大小6枚のフィンがあり、頭部の先端から2本の触手がのび、その触手の腹側には鋭いトゲが2列になって並ぶ。また、頭部の左右には柄がのびていて、その先には細かなレンズがびっしりと並ぶ複眼がある（※3）。

ゆっくり泳ぐアノマロカリスを見ていると、いくつかの動きに気づくだろう。

まず、新たな来場者が近づくと、アノマロカリスはその眼の柄を動かして、複眼の視界に来場者の姿を入れるようとする（※4）。

フィンの角度も面白い。

前進のときはフィンを倒し、旋回するときはフィンを立てる（※5）。水の抵抗を上手に使うことで、小回りがきくようだ。

普段は、ゆっくりと泳ぐことの多いアノマロカリスが、週に2回、活発に（攻撃的に）なる（※6）。

それは、水槽の上にあるバックヤードからえさが投じられるときだ。投じられたえさに向かって素早く移動し、触手でそのえさをとらえると、頭部の底にある口へと運び込む。

このえさやりタイムのスケジュールは、水族館のウェブサイトで公開されている。アグレッシブに動くアノマロカリスを見たければ、事前のチェックは欠かせない。

やわらかいえさを

アノマロカリスは、「史上最初の覇者」として有名だ。まだサカナが圧倒的弱者だった5億年と少し前の海で、複

えさは、適度に細かく、やわらかくしたものを与えています。

眼による高い探知能力、ひれによる機動性、触手による捕獲能力を備え、生態系の頂点に君臨していた。

しかし、かたいものを噛み砕くことはできなかった(※7)。そこで、水族館で与えるえさも、イカやウチムラサキという二枚貝の身、サカナの切り身などを適度に細かくして投じている。1回あたりのえさの量はまだよくわかっておらず、基本的には多めに与え、残ったらそれを回収し、適量を探る。

もともとアノマロカリスは、浅海に設置した定置網にかかることが多い。漁師の多くは、その後の手間を考え、そのままアノマロカリスを海に帰している。飼育の手法自体はさほど大変ではないのだけれども、飼育するには大きな水槽が必要となる。

ごく稀に、国際自然史保護連合(IUCNH)の指定水族館に持ち込まれる。じつは、「史上最初の覇者」として、生命史上、重要視されているアノマロカリス・カナデンシスは、カテゴリーは「C」として位置づけられている。「教育的価値・研究的価値が高く、教育機関・研究機関における積極的な飼育と保全研究が求められる」とされる。個人での飼育には、IUCNHの許可が必要とされており、専門機関に任せることが望ましい。

水族館への運搬に際しては、イカの運搬などに用いられる活魚運搬容器が用いられることが多い。

明るくて大きな水槽があれば、ほかに特殊な設備を必要としないため、アノマロカリスを受け入れることができる水族館は多い(※8)。

ただし、飼育にあたってはいくつかの注意も必要となる。たとえば、脱皮のタイミングだ(※9)。脱皮中は無防備になるため、同じ水槽で複数個体を飼育している場合は、別個体に襲われる可能性がある。そこで、脱皮が始まったら、水槽内を網で仕切る必要がある(※10)。

また、えらに付着物があると呼吸困難になるかもしれない。そこで、水族館への運搬前後や、えさやりのあとなどは、とくに体まわりに注意する必要がある。そのほか、ウイルス、細菌、真菌、原虫疾患にも気をつけなければいけない(※11)。

古生物監修
田中源吾
熊本大学

覇者の〝後継〟とふれあう

エーギロカシス

エーギロカシスは、人気のアノマロカリスの仲間で、その〝後継〟として知られている。

この水族館では、そんなエーギロカシスと「直接」ふれあうことで、古生代の世界へ思いを馳せる試みを展開中だ。

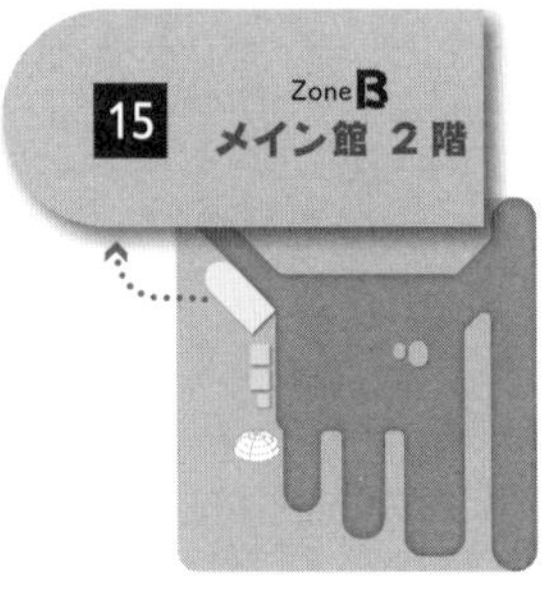

学名：*Aegirocassis*
分類：ラディオドンタ類
本来の生息時代：古生代オルドビス紀
古生物保護条約カテゴリー「一」

衝突防止の透明シートを忘れない

アノマロカリスの水槽のある部屋の先に、少し開けた空間が用意されている。

その空間には、バレーボールのコート2面ほどの面積のある水槽が用意されている。天井は、アノマロカリスの部屋よりも高く、その高さは4メートル。水槽の底は、観覧フロアの床よりも1メートルほど深いので、水槽そのものの深さは5メートルに達する。観覧通路は、この水槽を囲む3面に沿ってつくられている。

人工光にうっすらと照らされたその水槽で泳いでいるのは、エーギロカシスだ(※1)。大中小、20匹ほどが、ゆっくりと回遊している(※2)。

最も大きな個体で、その大きさは2メートルほど。成人男性よりも大きい。細長い体つきで、その半分近くを甲皮で覆われた頭部が占めている。頭部の先端は、笹の葉の先端のように鋭い。そして、背中にはえらが並び、体の脇には多数のひれが上下2列ある。

エーギロカシスは、さほど知名度が高くないけれども、じつはアノマロカリスの仲間である。「ラディオドンタ類」とよばれるグループに属し、〝出現〟前は、アノマロカリスよりも数千万年のちの古生代オルドビス紀初頭に出現・繁栄したことで知られている。

現在では、遠洋漁業に出た漁船が、ごく稀に国際自然史保護連合(IUCNH)の指定水族館へと、エーギロカシスを持ち込んでくる。エーギロカシスは呼吸を続けるために、常に泳ぎ続ける必要があり、そうした漁船には、長さ2メートルほどで、幅が50センチほどの特殊水槽が用意されている。水流を常時つくることが可能な水槽だ。

この水槽によって、水槽内の動物は、擬似的に泳ぎ続けることができる。〝出現〟以降、国際古生物保護条約加盟国においては、こうした特殊水槽が大型漁港を母港とする漁船の100隻に1隻以上の割合で備えることが義務づけられている。捕獲・保護した水棲の古生物を運搬するための装備だ。もちろん、そのための費用は全額給付される。ラディオドンタ類は、とくに節足動物の誕生と進化に関わるとされ、IUCNHの注目度も高い。

もっとも、同じラディオドンタ類とはいえ、アノマロカリスとエーギロカシスに直接の祖先・子孫の関係はない(※3)。飼育環境も異なっていて、アノマロカリスの飼育が自然

小型の底生魚を同じ水槽で飼育することで、水槽の底をきれいに保っている。

光の降り注ぐ温水の水槽でおこなわれることに対して、エーギロカシスは光量の抑えられた人工光のもと、比較的冷たい水で飼育される。アノマロカリスほどの視力をもたないエーギロカシスは、水槽のアクリルガラスに衝突しないように、アクリルガラスの手前に透明シートを張る必要がある。

小型の底生魚をいっしょに

エーギロカシスのえさは、解凍したイサザアミを用意。上層階から、大量にばら撒く。なにしろ、20匹だ。少量だと、小さな個体は食事にありつけない。

当然、イサザアミはあまる。あまったイサザアミは水槽の底に溜まり残餌となる。そこで、この水槽では、数尾のエゾメバルとチゴダラも飼育している。両種とも現生種で、〝出現〟前の世界では、もちろんエーギロカシスと共存はしなかった。

しかし、こうして混合飼育をすることで、残餌を、エゾメバルとチゴダラが食べてくれる。

なお、エゾメバルとチゴダラが泳ぐ水槽の底層は、観覧フロアよりも低くなっているので、来場者はの

ぞき込まないと、その姿を確認することはできない。エーギロカシスに集中できるしくみだ。

タッチプールで親しむように

多くの人々にとって、ラディオドンタ類は未知の種だ。アノマロカリスは人気があるけれども、ほかの種に対する興味関心は高くない。

そこで、この水族館では、アノマロカリス以外のラディオドンタ類にも親しみをもってもらおうと、エーギロカシスとのふれあいコーナーを用意している（※4）。

事前の参加申し込みが必要なそのコーナーは、コーナー参加者だけに公開される上層階に用意されている。エーギロカシスの水槽の一部に、水深1メートルくらいの浅瀬が用意されているのだ。

観覧フロアの死角に用意されたこの浅瀬には、上層階からアクセスする。

ふれあいコーナーの参加者たちは、途中の更衣室でドライスーツに着替えて、この浅瀬に立ち、イサザアミを撒く。すると、エーギロカシスが数匹寄ってくる、という塩梅だ。参加者は、係員といっしょに、エーギロカシスの背中をやさしく撫でる。アノマロカリスとはちがい、エーギロカシスは攻撃性が低いので、参加者が襲われる可能性はきわめて低い。

なお、この水槽には、水温と水質の維持のため、2通りの循環システムが用意されている。

冬場は、湾内から取り込んだ海水をそのまま流し、そのまま湾へ戻している。

夏場の海水は温度が高いため、高性能濾過装置を使って水質を維持しつつ、海水温を下げることになっている。

疾病に関しては、アノマロカリスと同等の各種症例に気を使った観察がおこなわれている。

エーギロカシスの「ふれあいコーナー」では、ドライスーツに着替えて、タッチ体験ができます。
事前の予約が必要です。

一つの水槽に集う
古生代の〝著名生物〟

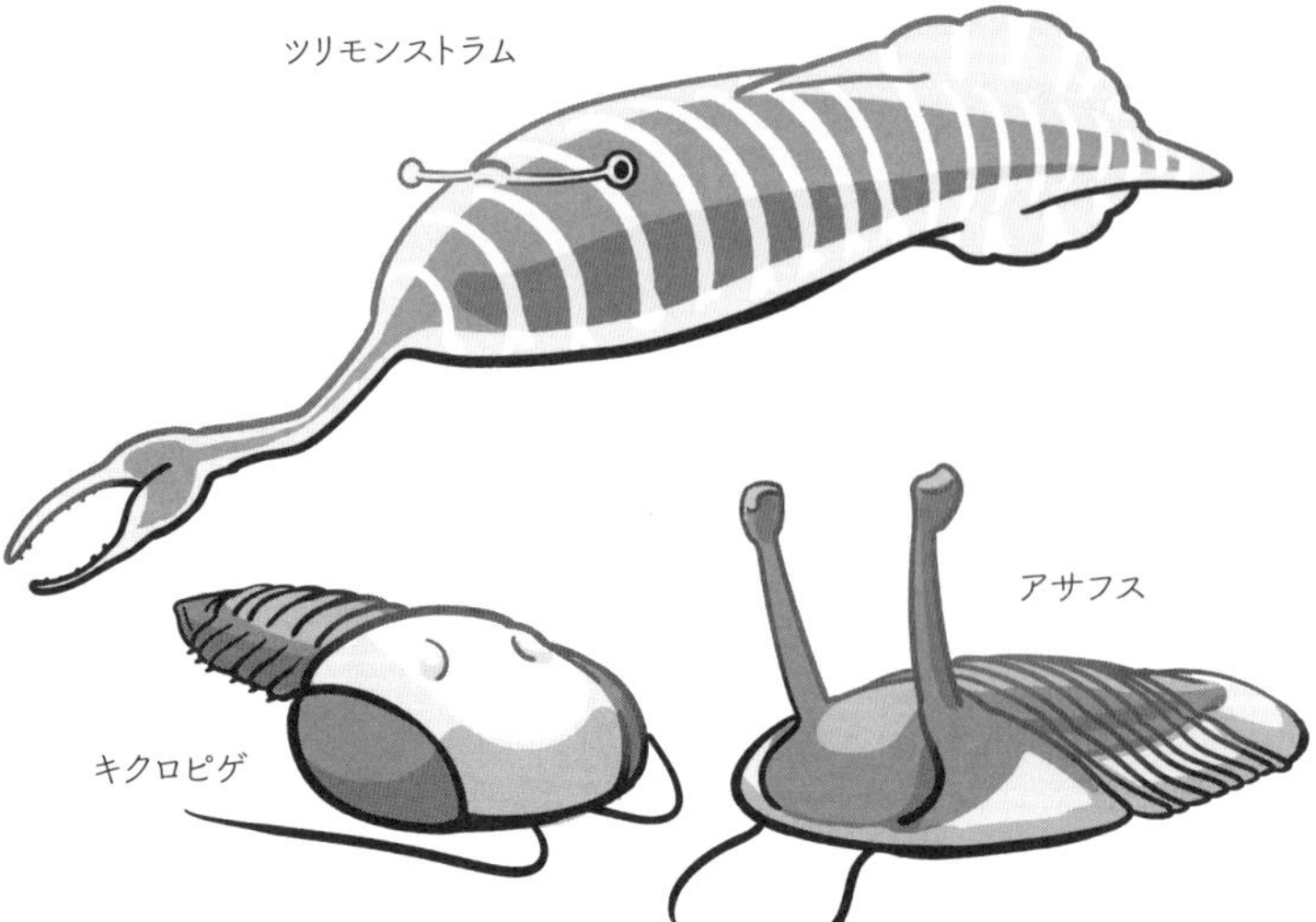

アサフス
キクロピゲ
ツリモンストラム

古生物監修
田中源吾
熊本大学

世界各地の指定水族館では、多くの三葉虫類が飼育されている。この水族館でも、同じだ。
そうした三葉虫類の中には、単独ではなく、ときには別の古生物とともに飼育可能なものもある。

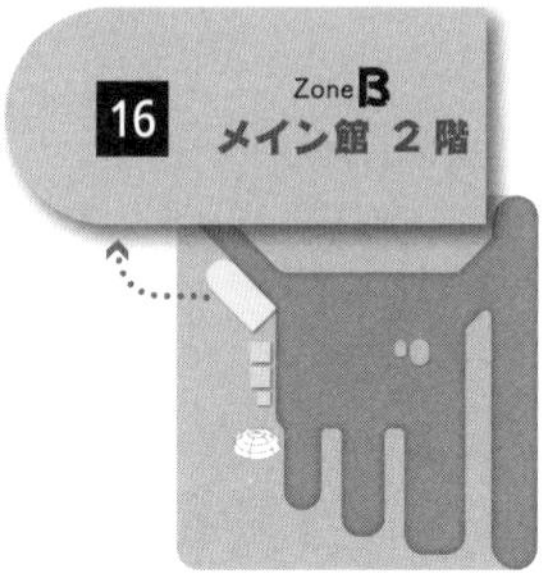

学名：*Asaphus, Cyclopyge*
分類：三葉虫類
本来の生息時代：古生代オルドビス紀
古生物保護条約カテゴリー「一」

学名：*Tullimonstrum*
分類：不明
本来の生息時代：古生代石炭紀
古生物保護条約カテゴリー「一」

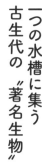

3種をまとめて

14畳ほどの広さで、高さ2・5メートルほど、水底に泥が薄く敷かれた水槽がある。

その水槽は高さ50センチメートルほどの台の上にあり、来場者がしゃがめば、水底のようすを容易に見ることができる。子ども用の踏み台も水槽の前に用意されている。

そんな水槽で、3種類の古生物が飼育されている。

水底にいる古生物の名前は、アサフス・コワレウスキー(※1)。大きさ10センチメートルほどのアサフス・コワレウスキーが20匹、水底を這っている。のっぺりした頭部、節のある胸部、つるっとした尾部という体つき。特徴は、頭部からニョッキリとのびる眼だ。頭部から2本の細い柄がのびていて、その先に複眼がある。まるでカタツムリのよう。ただし、カタツムリとはちがって、その柄は動かない。

水底をよく見ると、そこかしこの泥が細長く掘られている。そこは、アサフス・コワレウスキーが掘り込んだ痕跡だ。アサフス・コワレウスキーは海底を掘り込んで、そこに身を隠す習性がある。塹壕のように水底を掘り込んで、潜望鏡のように眼だけを出して、周囲を窺うのだ(※2)。

この水槽には、アサフス・コワレウスキーを襲うような動物はいないのだけれども、毎晩寝るときには、この塹壕を掘って、そこで休んでいるようである。朝早く訪問すれば、塹壕内のアサフス・コワレウスキーに出会うことができるかもしれない(※3)。

アサフス・コワレウスキーは、「三葉虫類」の一つ。三葉虫類は、古生代に栄えた節足動物のグループで、その総種数は1万5000種を超える。〝出現〟後はかなりの数が世界各地の海に生息しているようで、漁師がよくとらえることで知られている。多くは海に返されるけれども、ときには水族館に寄贈される。

水槽の中層には大小2種類の古生物が泳いでいる。

忙しなく足をばたつかせて泳いでいる、全長数センチメートルほどの小さな古生物は、こちらも三葉虫だ。その名をキクロピゲという(※4)。

キクロピゲは、コンパクトな三葉虫類で、サイズは数センチメートル。全身の半分近くを頭部が占める。そして、その頭部の両脇に大きな複眼がついている。この水槽では、20匹のキクロピゲが泳ぐ。光の当たり具合では、複眼の中にびっしりと並ぶ小さなレンズを確認することができるかもしれない。

同じように中層を中心にして、ときには水底付近までやってくるのは、ツリモンストラム（※5）。円筒を潰したような胴体で、その先端は、チューブのように細く長くのびていて、その先に小さな口がある。また体の両脇に細い柄がのびていて、その先端に目がある。尾部には大きな尾びれがあるという"不思議な生き物"である（※6）。ツリモンストラムの数は、8匹。

殻を見て、健康管理

この水槽では、1日に1回、非公開の上階からえさを撒く。えさの種類は、細かく刻んだ小魚の切り身、細かく刻んだ小エビやゴカイなどだ。ちょっと多めに撒くと、中層のキクロピゲが食べきれなかった分が海底に積もり、小エビはアサフス・コワレウスキーのえさに、ゴカイはツリモンストラムのえさになる。えさのほとんどは、アサフス・コワレウスキーが食べ尽くすけれども、このやり方では、アサフス・コワレウスキーの餌量が少なくなる可能性がある。そこで、1週間に1度の割合で甲殻類用のペレットを入れたカゴを水底までひもで下ろし、底面でそのペレットをばら撒くことにしている。

1日に数回の割合で、係員が目視観察を実施。三葉虫類の2種は、とくに殻の損傷に注意する。もしも、なんらかの理由で殻が割れた場合は取り出して、エポキシ樹脂で修復する。

ツリモンストラムは、大きな眼の疾患に注意が必要だ。とくに新規の個体は、捕獲時の擦過傷がついている可能性がある。こうした傷を抱えたツリモンストラムは水槽から取り出して、抗生剤薬浴を実施する。


開館してすぐの朝なら、塹壕内で休むアサフスを見ることができるかもしれません。

アサフス　キクロピゲ　ツリモンストラム

奥行き感を演出

ユーリプテルス

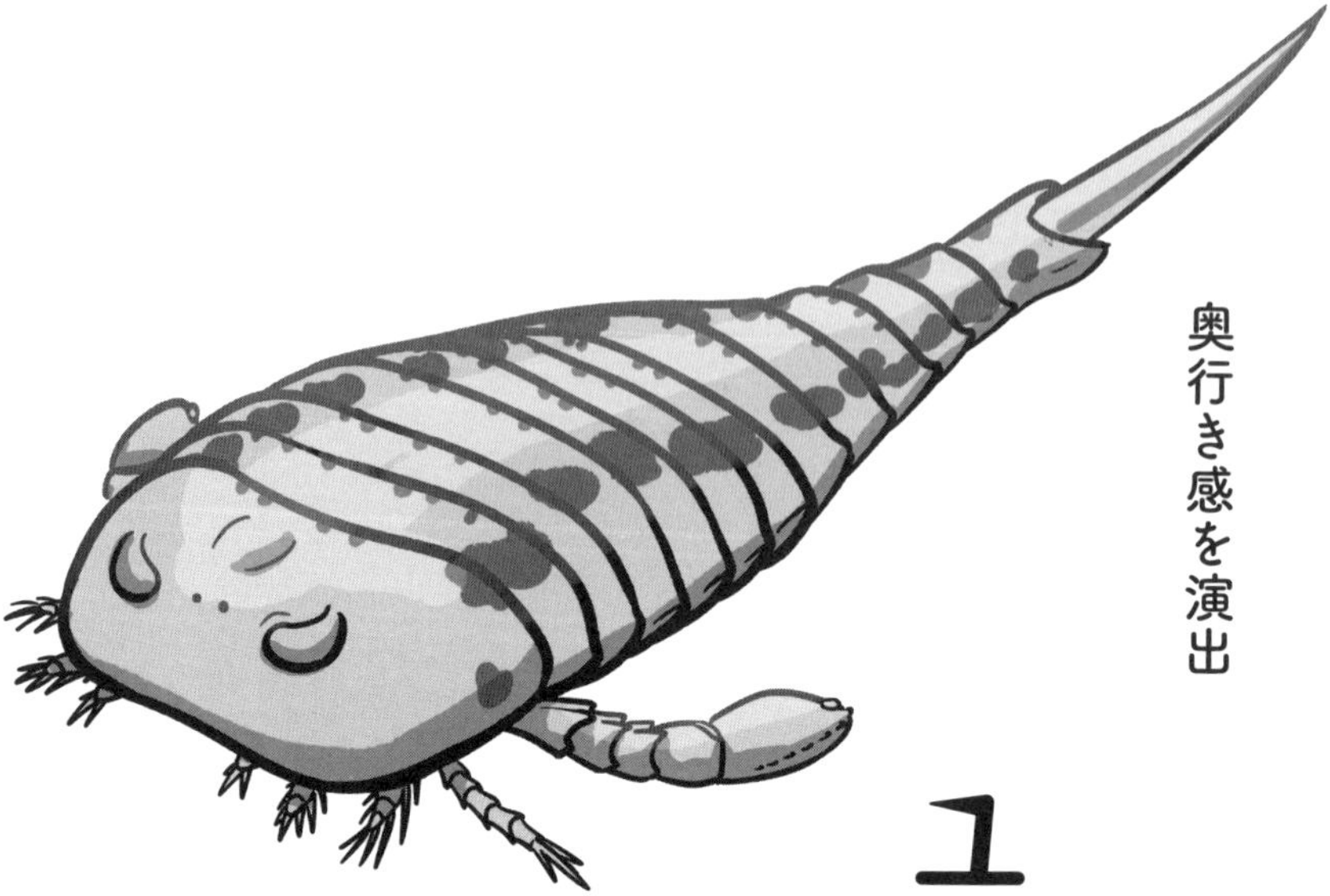

古生物監修
田中源吾
熊本大学

ウミサソリ類は、〝出現〟以降、比較的数多く見るようになった節足動物だ。

その中でも、このユーリプテルスは、集団で暮らすことを好む種類。水族館では、奥行き感のある演出が合う。

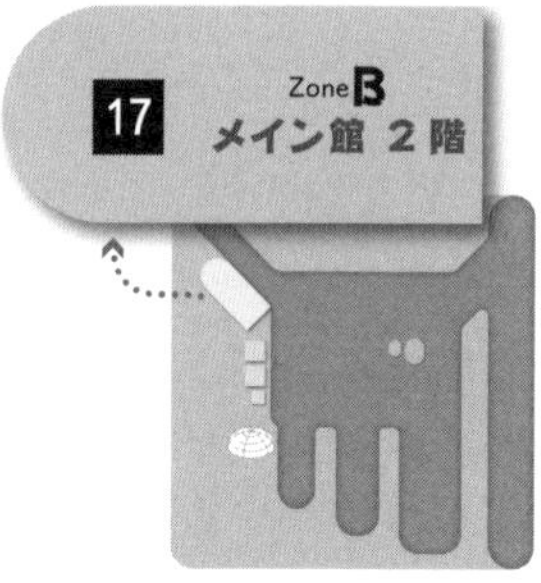

学名：*Eurypterus*
分類：ウミサソリ類
本来の生息時代：古生代シルル紀～石炭紀
古生物保護条約カテゴリー「ー」
ウミサソリ類の代表的な存在です。

細かなレンズが並ぶ複眼

ウミサソリ類は、約250種類を擁するグループだ。名前のとおり、サソリに似た姿をしている。その体は「頭胸部」「中体」「終体」に分かれており、頭胸部からは6対12本のあしがのびる。終体はいわゆる「尾部」にあたり、種によってはその先端は鋭く尖っていて、「尾剣」とよばれる構造をつくる。

古生物たちが〝出現〟するようになって、ウミサソリ類も各地の海でみかけるようになった。多くは、現生のサカナや〝出現〟した大型の海棲古生物たちに襲われているようだけれども(※1)、海域と種によっては大規模な群れをつくっている。

ユーリプテルスは、そんなウミサソリ類の代表的な存在だ(※2)。

全長15センチメートルほど。6対12本のあしのうち、最も後方の1対2本の先端は、オール状になっている。また、尾剣をもち、その尾剣の両側には細かなギザギザがある。このギザギザ付きの尾剣はユーリプテルスにとってほぼ唯一の武器といえる。体は意外に(?)柔軟なので(※3)、ユーリプテルスに触るときは、この尾剣への注意が必要だ。

眼はちょこんと小さなもの。ただし、この小さな複眼には、びっしりと細かなレンズが並んでいる。その数、じつに4800個(※4)。

ユーリプテルスは、蛸壷の中に入って休んでいる、ということもままある。そうして捕獲されたユーリプテルスは、足を縛って水槽に入れられて、国際自然史保護連合(IUCNH)指定の水族館に運び込まれてくる。

ユーリプテルスは、多数でまとめて飼育できることもあり(※5)、この水族館では現在、一つの水槽で60匹を見ることができる。

奥は暗く、手前は明るく

水槽は、直方体だ。手前のアクリルガラスの観覧面の幅は、4メートル。奥行きは6メートル。深さは2メートルで、底にはサンゴ砂が敷かれている。奥ほど暗く、手前を明るくすることで、奥行きはもっとあるように見える。

ユーリプテルスは比較的高速で泳ぎ回るウミサソリ類だ(※6)。このように奥行きのある水槽をつくることで、手前に泳いでくる迫力の演出が自然とできる。じっくりと見て

運が良ければ、手前に向かって泳いでくるウミサソリたちに出会うことができます。大迫力をお楽しみください！

いれば、数十匹が迫りくるようすを楽しむことができるだろう。

えさは、エビ、むき身のアサリ、キビナゴなどを与える。

現在の水槽は、まだ余裕がある。

しかし、継続的な個体数のカウントは必要で、あまり過密になると、ケンカや共食いを始めてしまう可能性がある（※7）。もしも、殻が割れた場合は取り出して、エポキシ樹脂で修復する（※8）。また、ケンカや共食いが始まったら、新規の受け入れは停止する必要がありそうだ。

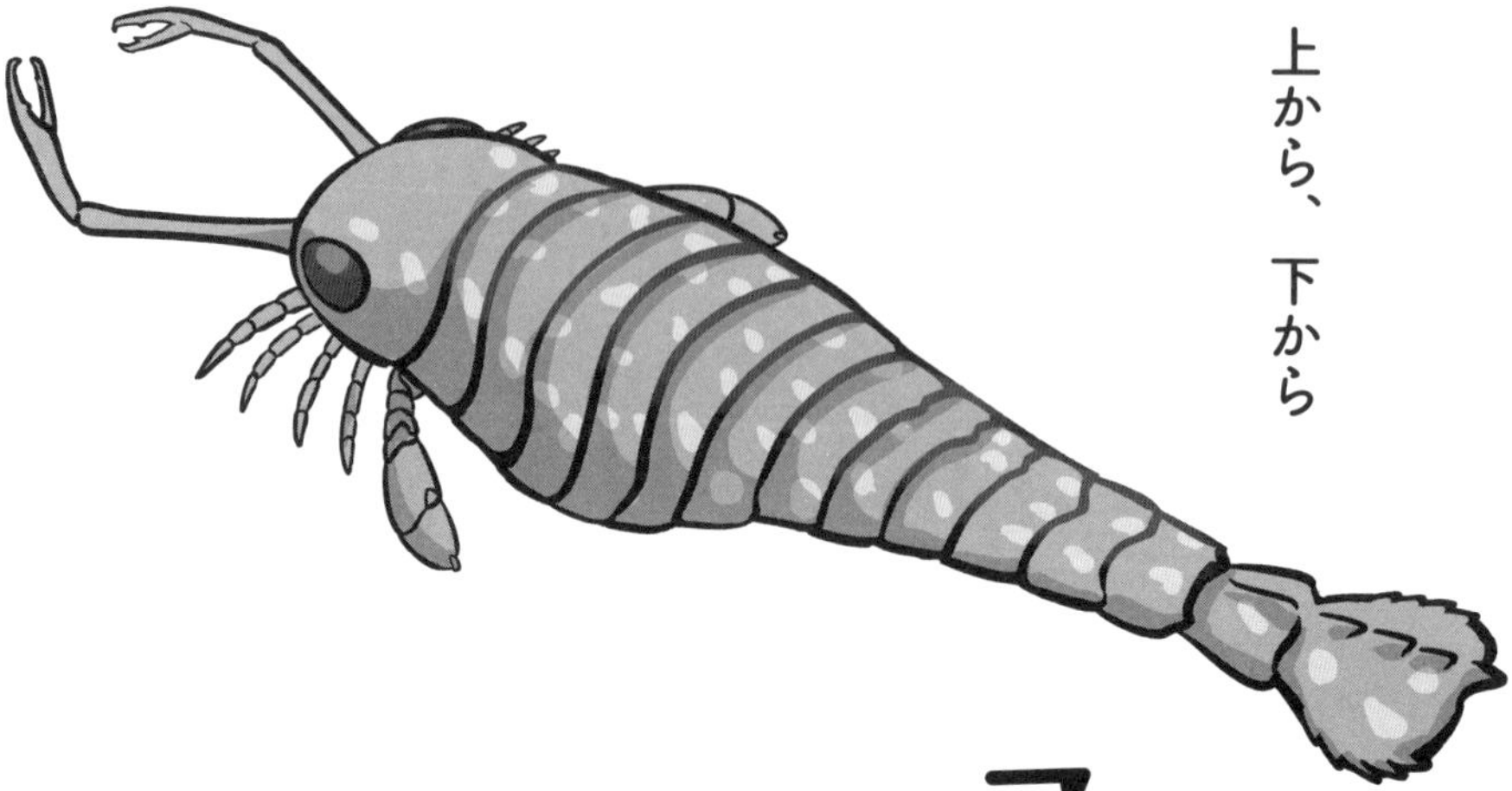

上から、下から

アクチラムス

古生物監修
田中源吾
熊本大学

全長2・4メートルのアクチラムス。ほぼ1日中を動かずにすごしているこのウミサソリは、背と腹側から観察できる水槽で飼育すれば、見応えバッチリ。「ウミサソリ」というグループをより身近に感じることができるかも？

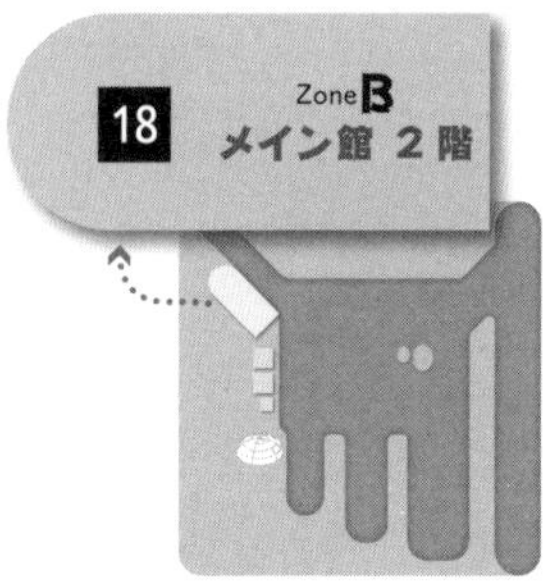

学名：*Acutiramus*
分類：ウミサソリ類
本来の生息時代：古生代シルル紀〜デボン紀
古生物保護条約カテゴリー「一」
ウミサソリ類の中では、かなりの大型種です。

尾剣ではなく、垂直尾翼

底引き網に引っかかった——。

その報告とともに、大型のウミサソリ類が水族館に運ばれてきた。ユーリプテルスと同じように、足を縛って水槽に入れられ、とりあえずは、バックヤードの検疫水槽へ。

待機槽でこのウミサソリ類が検疫などを受けている間に、ユーリプテルス水槽の隣室に用意されたのは、幅4メートル、奥行き4メートル、深さ50センチメートルの水槽だ。紺色の照明がうっすらと照らすその部屋の床面に、この水槽が設置された（※1）。上面が解放されているその水槽を囲むように観覧通路。そして、水槽を下から見ることができる通路も用意されている。

準備万端。運び入れたそのウミサソリ類の名前を「アクチラムス」という（※2）。

多くのウミサソリ類の全長は、50センチメートル未満だ。しかし、アクチラムスのサイズは2・4メートルに達した。ウミサソリ類として最大ではないけれども、かなりの大型種である。なにしろ、ユーリプテルスの10倍の長さがある。

見た目もユーリプテルスとはかなりちがう。

頭部の複眼は、存在感を主張しすぎているような大きさだ。ただし、この複眼に並ぶレンズの数は、ユーリプテルスよりもはるかに少ない（※3）。

6対12本のあしのうち、先頭の1対が前方に向かって長くのび、その先に大きなハサミがあった。最も後方の1対2本は、ユーリプテルスと同じようなオール状。そして、尾部の先端はユーリプテルスのような尾剣ではなく、うちわのように広がっていて、その中軸に背側方向に垂直にのびた構造がある。まるで、航空機の垂直尾翼のようだ。

そんな姿のアクチラムスは、この水槽に移された当初こそ水槽内を泳ぎ回ったものの、その後は水槽の端のあたりでじっとしていることが多い（※4）。おかげで、来場者にとっては、観察し放題である。ウミサソリ類の腹側を見ることができる機会はそう多くない。しっかりと観察すれば、この動物の魅力を再確認することにつながるかもしれない。腹側には、あしの付け根のほかにも、口や生殖器などがある。ぜひ、じっくりと確認してほしい。

食事タイムだけ活動的に

食事は、バナメイエビを中心に。

水槽では、数カ月に1度、獣医師による健康診断がおこなわれています。

アクチラムスがじっとしている場所の数十センチメートル先に解凍したバナメイエビを放り込むと、アクチラムスは突進してそのバナメイエビをハサミで確保し、そのハサミを使って器用に食事を進める。

　また、このえさを使って、手元によぶこともできる。数カ月に1度、そうして獣医師による健康診断（採血）をおこなう。現在、腹側の健康観察は、水槽下の通路から目視でおこなっているけれども、最終的には獣医師による合図でひっくり返って腹側を見せ、触ることができるようにトレーニング中だ。

　健康診断のチェック項目は、外骨格が溶けていないか、感染症にかかっていないかなど（※5）。ユーリプテルスと比べると、アクチラムスの飼育例は少なく、国際自然史保護連合（IUCNH）も、その飼育データには注目している。

古生物監修
田中源吾
熊本大学

明るい水槽・暗い通路で
ドロカリス

〝出現〟した古生物は、ときに、現代の常識から考えると「珍妙」としかいいようがない姿のものがいる。「嚢頭類《のうとうるい》」というグループに属するドロカリスもその一つだ。

その姿から人気の高い古生物だけれども、飼育に際しては、ドロカリスを驚かさないような工夫が必要となる。

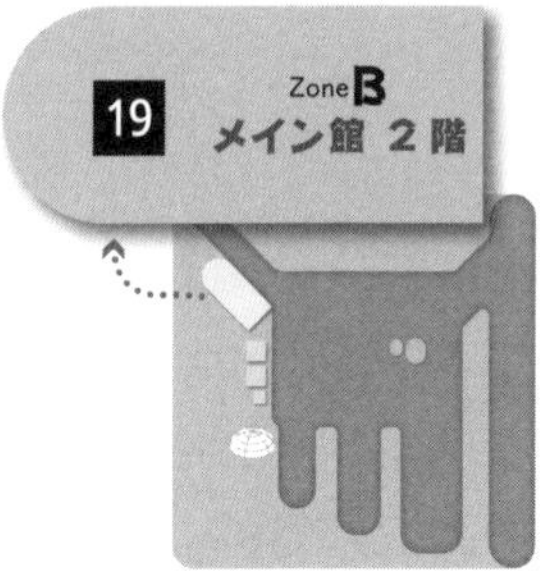

学名：*Dollocaris*
分類：嚢頭類
本来の生息時代：中生代ジュラ紀
古生物保護条約カテゴリー「一」
大きな眼が特徴です。時々素早く泳ぎます。

煌々たる水槽

キラキラと明るい水槽だ。

よく見ると水槽の真上にある天井がガラス張りになっている。そこから陽光が降り注いでいるのだ。

水槽の大きさは、幅1メートル、奥行き2メートル、深さは0・5メートル。

子どもたちが眼をキラキラさせてのぞき込むこの水槽では、ドロカリス（※1）が飼育されている。

なんとも珍妙な姿の動物である。大きさは手の平サイズ。非常に大きな複眼が異彩を放つ。体の腹側からは、3対6本のあしがのび、その先には鋭いハサミがある。

水槽には合計5匹のドロカリスがいる。いずれも定置網にかかっていたとして、漁師から保護を依頼されたものだ。

普段はゆっくりと泳ぐドロカリスだけれども、俊敏に動く瞬間がある。それは、1週間に2度の給餌タイム。この水族館では、シラサエビを生きたまま与えている（※2）。飼育員がやってきて、水槽に数匹のシラサエビを投げ入れる。

すると、ドロカリスは、そのシラサエビを目掛けて（この時だけは）俊敏に襲いかかり、ハサミで捕まえて、そして、ゆっくりと食べていく。

保護したてのときには、冷凍餌料も与えてみたけれど、どうやらドロカリスは生き餌しか食べないようだ。なお、この給餌タイムは、水族館のホームページであらかじめ告知され、給餌の前には自然界の食う・食われるの関係が飼育員によってレクチャーされる。

通路は暗く

天井から入る自然光によって、日中の水槽は輝くほどに明るい。だから気づかないかもしれないけれども、その水槽のまわりの通路には、ほとんど照明がついていない。

じつは、ドロカリスはとても眼がよい（※3）。そのため、来場者の入れ替わりをしっかりと認識することができるし、ときにそれがストレスになることがある。

そこで、水槽を明るくして、その周囲を暗くすることで、水槽内から外の景色が見にくいようにつくられている。

なお、ドロカリスはさほど泳ぎ上手ではないため（※4）、休憩場所として複数の擬岩を水槽の底に沈めておくことも大切だ。

迫力の甲冑魚には、二つの水槽を用意

ダンクルオステウス

古生物監修
冨田武照
沖縄美ら島財団総合研究所

古生代最大級・最強の魚として知られるダンクルオステウス。その飼育には、大きな水槽を二つ用意して、週に1度は大規模な清掃が必要になる。

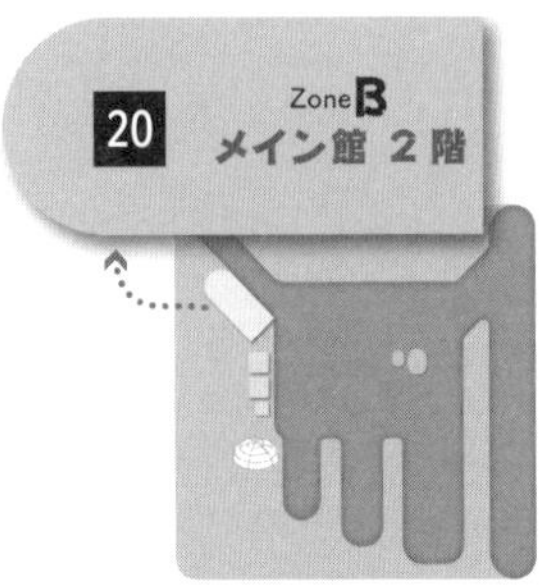

学名：*Dunkleosteus*
分類：板皮類
本来の生息時代：古生代デボン紀
古生物保護条約カテゴリー「B」

迫力の甲冑魚

「うちの湾に、〝どう見ても恐ろしいサカナ〟が迷いこんだみたいだ」

国際自然史保護連合（IUCNH）指定のこの水族館に、そんな連絡が入った。

スタッフが訪ねてみると、その湾にいたのは、「ダンクルオステウス」だ（※1）。

全長3メートルのこのサカナは、頭胸部を骨の鎧で覆っている（※2）。吻部は寸詰まりで、口に歯はないけれども、あごの先端が鋭く尖っていた。正面から見ると、まるで西洋の騎士の兜のような面構えだ。

ゆったりと湾内を回遊するダンクルオステウスは、〝出現〟前までは、古生代最大級・最強の甲冑魚として知られていた。〝出現〟後は、温帯の海で既存の生態系にとっての大きな脅威となっている。人的被害はまだ報告されていないけれども、近年になって、今回のように「湾内に迷いこんだ個体」が報告され始めた。

スタッフは、湾内に大型の檻を設置。内部にえさを吊るして、ダンクルオステウスを捕獲した。その後、ゆっくりと引き揚げて、大型魚専用の運搬車で水族館へと搬入した。

えさは、サメをまるごと

水族館で用意した水槽は、大型肉食魚専用のものだ。幅は50メートル、奥行きは30メートル、深さは10メートルに達する。50メートルの面がアクリルガラスになっており、来場者が見学することができる。

この巨大水槽を泳ぐのは、ダンクルオステウス1個体だけ。ほかのサカナを入れると、それが仮に同じダンクルオステウスであっても、襲いかかって食べてしまう（※3）。

えさは、ヨシキリザメ、アオザメ、シュモクザメを丸ごと1日1匹与える（※4）。こうした大型のサメ類は、冷凍されていたものを用意。なお、寄生虫対策として、抗寄生虫薬をサメ類の肉に埋め込んでおく（※5）。

1匹丸ごと噛みちぎる食事風景は、それはそれは迫力の光景で、来場者にも人気がある。

ただし、ダンクルオステウスの食事は、お世辞にも「お行儀がよい」とはいえない。えさを噛みちぎり、そのまま丸呑みにする。そのため、水槽の底には、食い残しがたまっていく。

えさは、冷凍されたサメを
まるごと与える。

また、ときに消化できなかった骨などを吐き出すこともある。この吐き出しも、水槽の底にたまる。なお、吐き出し行為は珍しいことであり、毎日必ずみられるわけではない。そこで、吐き出しの光景はあらかじめ撮影され、水槽脇のモニターで上映されている。

掃除は、70人のダイバーで

水槽の奥、2重の檻の扉の向こうには、幅25メートル、奥行きは20メートル、深さは10メートルの予備水槽が用意されている。この予備水槽は非公開である。

週に1度、ダンクルオステウスは、展示水槽から予備水槽へと移される。この日の展示水槽にはダンクルオウステウスが泳いでいないので、ホームページで「不在の告知」をすることを忘れない。

二つの扉にしっかりと鍵がかかっていることを確認したら、飼育スタッフとボランティアの総勢70人のダイバーが交代で計4回ずつ展示水槽にもぐる。そして、水槽の底にある食べ残しや吐き戻し、便を拾い、アクリルガラスを拭いていく。1日かけて、しっかりと掃除をすることが大切だ。ダンクルオステウスは見られないけれど、この掃除風景を目当てに

当館の名物ともいえる「一斉清掃」です。この日ばかりは、ダンクルオステウスを観覧することはできません。

やってくる来場者も結構いるらしい。

なお、予備水槽は、残りの6日間を使って、ゆっくりと掃除する。

掃除が終わったら、扉を開ける。放っておくことで、自ら展示水槽に移動することが多いけれども、時間がかかるようならば、新たなえさで誘導する。

なお、こうして保護・飼育し始めた個体は3メートルほどだけれども、化石の分析からは、少なくとも全長6メートル、ひょっとしたらそれ以上に大きくなる可能性が指摘されている。この水槽は、全長6メートルまで育つことを想定し、そこにさらに多少の余裕を加えて設計されている。

流木を沈めて、〝歩行〟を演出!

ユーステノプテロン

古生物監修
冨田武照
沖縄美ら島財団 総合研究所

脊椎動物がかつて陸上進出をした際に、その〝起点〟となったとされているサカナが、ユーステノプテロンだ。

ひれの中に、腕の骨のような構造があるこのサカナは、ぜひ、そのひれの動きを観察したいところ。

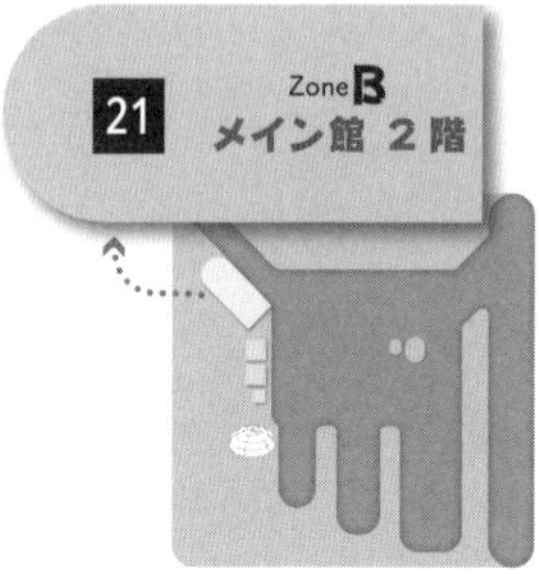

学名：*Eusthenopteron*
分類：肉鰭類
本来の生息時代：古生代デボン紀
古生物保護条約カテゴリー「C」
教科書でもお馴染みの〝上陸作戦のはじまり〟を象徴するサカナです。

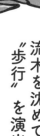

進化の起点

「あ、これ、教科書で見たサカナだ！」

子どもたちの声が響く。

子どもの指の先にある幅3メートル、奥行き1メートル、深さ1メートルの水槽で暮らすサカナは、ユーステノプテロンだ（※1）。

長さは1メートルほど。まるで魚雷のような円筒形の体つき。尾びれは、上下対称。サカナの中では、珍しい形だ。そして、胸びれは太く、しっかりとしていた。

子どもたちがいう「教科書」とは、もちろん、「理科の教科書」だ。脊椎動物の進化に触れた項目で、多くの教科書は、ユーステノプテロンを採用している。生命の歴史を振り返ると、サカナとして登場した脊椎動物は、古生代デボン紀後期（約3億7200万年前）に四肢を備え、そして、上陸を果たす。この〝上陸作戦の始まり〟にあたるサカナが、ユーステノプテロンなのだ。

ユーステノプテロンの最大の特徴は、胸びれにある。陸上動物の腕の中にある骨と同じような形の骨を胸びれの中にもっている（※2）。進化に関する現在の知識では、この胸びれがやがて腕となり、脊椎動物の前脚になったとされている。もちろん、このくだりは、しっかりと図解され、水槽の隣の壁でも解説されている。

この特徴のおかげで、ユーステノプテロンは理科好きの子どもたちに知名度が高い。教科書にも載っている。けっして派手な見た目ではないけれども、子どもたちを中心に妙な人気がある。

流木を沈めて

水槽の中にいるユーステノプテロンは、全部で3匹。ほとんど動かずに、水槽の底付近でじっとしている。

この3匹は、河口付近に設置された定置網で捕獲されたもの。捕獲した漁師が、この水族館に持ち込んだ。

水槽の中には、数本の流木が沈められている。よーく見ていると、ユーステノプテロンがこの流木の上に乗るしぐさをみせることがある。流木に乗り、体を安定させるために、その胸びれを使うのだ。

それは、その後の進化を彷彿とさせる場面といえる。

えさは、シシャモ、アジ、キビナゴなどを用意。これを、1週間に数回の割合で、残餌が出ないように注意しながら

与えていく。

なお、上陸作戦におけるユーステノプテロンの次のステップに相当するサカナも〝出現〟以降、発見されている。しかし、希少性が高く（※3）、この水族館ではまだ飼育できていない。

胸びれにご注目！　そのひれの中に、“あしのはじまり”があるのです。

デボン紀世界を演出した部屋で

ボスリオレピス

古生物監修

冨田武照

沖縄美ら島財団総合研究所

世界各地の国際自然史保護連合指定の水族館で最もよく見かける甲冑魚が、ボスリオレピスである。

「最もよく見かける」だけに、各水族館で展示に工夫をこらしている。この水族館では、デボン紀世界の再現を試みている。

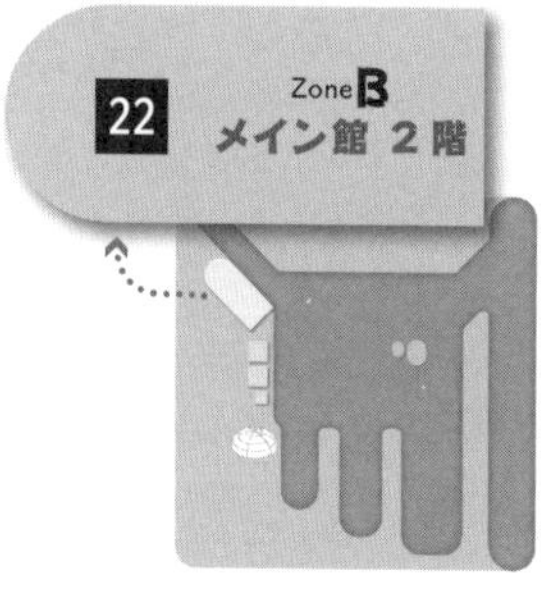

学名：*Bothriolepis*
分類：板皮類
本来の生息時代：古生代デボン紀
古生物保護条約カテゴリー「ー」
とてもよくみつかる甲冑魚です。

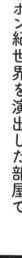

映像の森の中で

教室ほどの広さの部屋がある。

その部屋に入ってまず驚くのは、壁、天井、床の「森」だ。鬱蒼と茂った森の中、木漏れ日が降り注いでいる。

現在の森とちがうのは、彩りが緑一色であるということ、鳥の鳴き声が聞こえないことだろうか。

部屋の中央にはせせらぎの音とともに、水深のさほど深くない小川が流れている。

これは、すべてプロジェクションマッピングだ。

部屋の随所に設置されたプロジェクター。指向性の強いスピーカー。そして送風機などの演出により、デボン紀の森が再現されている。

そんな部屋の中央に、幅8メートル、奥行き1メートル、深さ50センチメートルの水槽が、高さ50センチメートルほどの台の上に設置されている。

水槽の一端には粗めの砂が敷かれ、〝陸地〟となっている。残りは、水槽の端ほど深い〝河川エリア〟。河川エリアの水底にも粗めの砂が敷かれ、その上にヒトの拳サイズの岩と擬木が数本沈められている。陸地と河川エリアの境界は、樹脂でできたやわらかめのスロープが用意されている。

この水槽で飼育されているのは、全長40センチメートルほどの〝甲冑魚〟だ（※1）。体の前半身は、ティッシュ箱を潰したような形で、骨の板で覆われている。眼はちょこんと寄り目がちに配置され、あごは小さく弱々しい。最大の特徴は、カニのあしのような形状の胸びれだ。先端が鋭いこの胸びれも、骨の板で覆われている。

その名前は、「ボスリオレピス」（※2）。この水槽では、現時点で8匹が飼育されている。

えさはやわらかめで

ボスリオレピスは、古生物の〝出現〟が始まってから、とくにみつかることが多く、そして、捕獲されることも多くなった甲冑魚——板皮類である（※3）。

数が多く、性格がおとなしく、また、現在の生態系にも大きな影響を与えないため、国際古生物保護条約では、とくにカテゴリー指定されていない。

しかし、基本的には古生物であることには変わりなく、世界各地の国際自然史保護連合（ＩＵＣＮＨ）の指定水族館には、仕掛け網や手づかみなど、さまざまな方法で

プロジェクションマッピングを駆使した水槽が用意されている。

捕獲されたボスリオレピスが運ばれてくる。

そのため、IUCNH指定の水族館であれば、大抵の水族館で、ボスリオレピスを見ることができる。各水族館ではその展示方法にこだわりがあり、この水族館では、プロジェクションマッピングを使ってデボン紀の森と河川を再現し、加えて、ボスリオレピスが上陸するための陸地も用意されている（※4）。

ボスリオレピスは、ダンクルオステウスと同じ板皮類だけれども、ダンクルオステウスのような強力なあごをもっていない。そのため、えさには魚肉を一口サイズに切って与えている。時折、レタスやキャベツを与えても食べる。

あまり激しい動きをしないボスリオレピスは、一般家庭でも飼育されている古生物の一つだ。だからこそ、〝非現実の演出〟によって、多くの来場者が「水族館ならでは」の感覚を楽しんでいる。

下からも、上からも

ケイチョウサウルス オドントケリス

古生物監修
林 昭次 岡山理科大学
薗田哲平 福井県立恐竜博物館

クビナガリュウ類へつながる系譜の一つ、ケイチョウサウルスと、最初期のカメ類であるオドントケリス。この2種類の爬虫類は、日光の降り注ぐ、ちょっと変わった水槽で飼育されている。

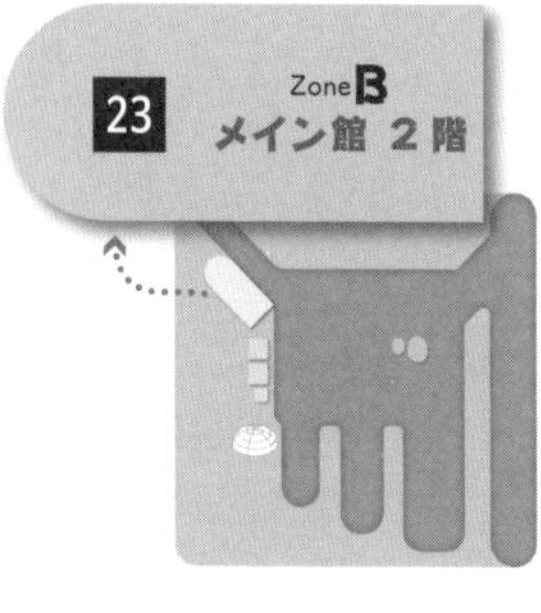

学名：*Keichousaurus*
分類：鰭竜類
本来の生息時代：中生代三畳紀
古生物保護条約カテゴリー「一」

学名：*Odontochelys*
分類：カメ類
本来の生息時代：中生代三畳紀
古生物保護条約カテゴリー「一」

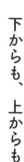

天井も水槽

幅3メートル、奥行き2メートル、高さ3メートルの部屋がある。部屋の半分は、足元から天井まで続く水槽だ。そして、その水槽は、残る部屋半分の天井へとつながっている。

この水槽で飼育されているのは、2種類の爬虫類だ。

水槽の深い場所にいるのは、ケイチョウサウルス(※1)。ケイチョウサウルスの大きさは、全長30センチメートルほど。小さな頭、長い首、長い尾、短い四肢をもつ水棲の爬虫類である。いわゆる「クビナガリュウ類」に近縁で、クビナガリュウ類そのものではないけれども、クビナガリュウ類が誕生する、その系譜に連なるとみられている(※2)。

天井部分で泳いでいるのは、オドントケリス(※3)。

オドントケリスの全長は、40センチメートルほど。仰ぎ見るその姿は、腹には甲羅があるため、カメ類とわかる。オドントケリスは、初期のカメ類にあたる存在だ。

ともに投網漁に混入していたところを提供されたもので、8匹ずつ飼育されている。

上から見るために

部屋の入口に、上層へとつながる階段がある。

その階段を昇った先にあるのは、日光が降り注ぐ空間。水槽のある部屋の真上にあたり、天井が開閉式となっている。

上層階は、部屋の外周につくられた観覧通路の柵越しに水槽を上から見ることができる仕様だ。また、砂を敷いた陸地も用意されており、日向ぼっこをするオドントケリスを見ることもできるだろう。

上層階で見ると、この初期のカメ類の特徴がよくわかる。背中に甲羅がないのだ。

下層階から仰ぎ見たときには、たしかに甲羅があった。じつは、オドントケリスは、腹側だけに甲羅をもつカメ類なのである。

えさをやるときに口を……

えさは、ともに小魚を。オドントケリスには、エビなどの甲殻類も与える(※4)。

このとき部屋に来場者がいれば、オドントケリスの口先

ケイチョウサウルスと
オドントケリスは同じ
水槽で暮らしている。

に注目するようにアナウンスがなされる。現生のカメ類の口はクチバシとなっていて歯はないけれど、オドントケリスの口には小さな歯が並んでいる。甲羅とあわせて、カメ類の進化を垣間見ることができる瞬間だ。

月に1度の健康診断で、それぞれの体重測定、視診、触診などを。骨代謝性疾患からくる骨の変形の有無や、適した産卵場所がない場合におきる卵塞、爬虫類版の口内炎であるマウスロット、ミズカビなどを重点的に調べられる。

なお、ケイチョウサウルスもオドントケリスも、ともに気性はおとなしいけれど、それなりに鋭い爪をもっている。そのため、アクリルガラスに傷がつくことも。そこで、5〜10年に1度、水槽を空にしてアクリルガラスの研磨をおこなうことにしている。

日本のクビナガリュウ

フタバサウルス

古生物監修

林 昭次

岡山理科大学

「水棲の大型古生物」と聞いて、日本で暮らす多くの人々は「フタバスズキリュウ」を思い浮かべるのではあるまいか。フタバスズキリュウこと「フタバサウルス」は、この水族館でも人気種の一つ。巨大水槽を悠然と泳ぐその姿は、大人を幼少期に戻らせるだけの〝力〟がある。

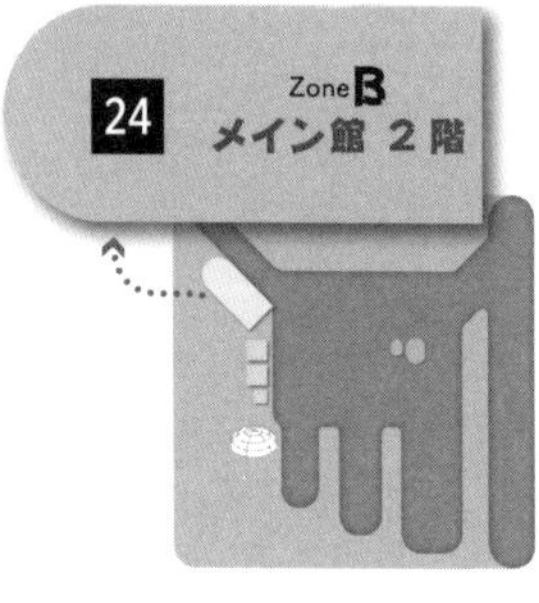

学名：*Futabasaurus*
分類：クビナガリュウ類
本来の生息時代：中生代白亜紀
古生物保護条約カテゴリー「一」

港に迷い込んだクビナガリュウ

「ピー助みたいな動物が港に入ってきている」

海上保安庁に入ったその通報がはじまりだった。

ピー助？

疑問に思いながら、保安官がその港を訪れると、漁船の間をクビナガリュウ類が悠然と泳いでいた。

小さな頭、長い首、樽をつぶしたような胴体に、ひれとなった四肢、そして、短い尾。典型的な「クビナガリュウ類」の姿をしている。そんな個体が寄り添うように大小2頭。大きな個体は全長7メートルほど。小さな個体は、その半分くらいの大きさだろうか。

保安官自身も、古生物に関する図鑑で見た記憶があった。湾に迷い込んだのか、逃げ込んだのか。湾の入口付近まで行っても、また湾奥まで戻ってくる。

ともあれ、クビナガリュウ類であれば、管轄は海上保安庁ではない。規定に従って、保安官は、国際自然史保護連合（IUCNH）の日本事務局へと通報する。そして、事務局から指定を受けた水族館の係員が駆けつけて、2個体ともに水族館で保護・飼育をすることになった。

このクビナガリュウ類の名前は、フタバサウルス（※1）。「フタバスズキリュウ」の和名で知られる（※2）、日本を代表する古生物の一種だ。ちなみに、「ピー助」とは、ドラえもんの映画に登場するフタバスズキリュウの名前である（※3）。

カーテンを閉じることができる巨大水槽で

こんなこともあろうかと（※4）、フタバサウルスのために、この水族館に用意されていた円柱型水槽の大きさは、直径56メートル、深さ10メートル（※5）。日本の一般的な戸建て住宅であれば、3階建てであっても、数棟が余裕で入る広さがある。その水量は、じつに2万5000トン！

この巨大な円形水槽の外周の3分の1程度が厚さ60センチメートルのアクリルガラスとなっており、来場者はそのアクリルガラスを通して水槽内を泳ぐフタバサウルスを見ることができる。ちなみに、搬入された大小のフタバサウルスは、遺伝子検査によるとどうやら親子らしい（※6）。

アクリルガラス以外の壁は紺色に塗装され（※7）、水槽内にはいくつかの大きな擬岩が配置されている（※8）。また、アクリルガラスの外側にはカーテンがあり、これを閉じるこ

水槽の外側にカーテンがあります。出産時期などには閉められます。

とで来場者の視線をさえぎることもできる。これは、出産などの神経質な時期に対応した仕様だ。

円形水槽の奥には、幅5メートル、深さ3メートルほどの扉があり、その先には1000トンほどの水を貯めた非公開の予備水槽がある。この水槽は馴致、繁殖、治療を目的としたもの。底が油圧式の可動床となっており、遠隔操作で上昇する。獣医師による診断や治療がしやすい仕様だ。

予備水槽も基本的に紺色の壁で囲われている。その壁には、三つの小さなアクリルガラスの窓があり、スタッフはこの窓越しにフタバサウルスの状況を観察する。

展示用の水槽も、予備水槽も、水槽の上の非公開フロアの天井には天窓が設置され、自然光を取り入れることができる（※9）。そのほか、水面の一部を温めることができるホットスポットライトがあり、また、空気は巨大クリーンベンチ（※10）を通して取り込まれている。

ときどき生き餌でストレス解消

日常の世話は、決まった時間に、決まった場所で、水槽の上の非公開フロアからえさやりを。トレーニングによって、合図を聞いたら顔を水面から出すようにしつけておく。凍らせたサバやホッケ、シシャモ、スルメイカなどを水槽の縁から投げ与える。量は、1日あたり体重の1パーセントが目安だ。なお、こうした魚の体内には、ビタミンB群のサプリメントが埋め込まれている（※11）。

1日に1回は、生きたスルメイカを水槽に放ち、フタバサウルスの捕食行動を誘発させる。これは、ストレスと運動不足の解消を目的とする。

ただし、えさを介した寄生虫感染のリスクがあるため、閉館時間中に飼育員が水槽にもぐって糞を集め、その糞を分析して状況把握に努める必要がある。ちなみに、フタバサウルスが飼育員に襲いかかることはない。

そのほか、閉館時刻にはアクリルガラスの潜水清掃もおこなわれる（※12）。

油圧式の可動床は、診断や治療に便利。

Zone C 身近なエリアとリサーチ館

　メイン館の先にある川では、淡水棲のクビナガリュウ類に出会うことができます。また、岩礁エリアではデスモスチルスたちに、日本近海エリアではホッカイドルニスがみなさんを待っています。リサーチ館は公開研究施設となっており、どなたでも古生物研究の最前線をのぞき見ることができます。それぞれ施設前にバス停がありますので、無料の園内バスでどうぞ。

25 フルービオネクテス	27 ホッカイドルニス アロデスムス	28 クラドセラケ
26 デスモスチルス パレオパラドキシア		29 プトマカントゥス

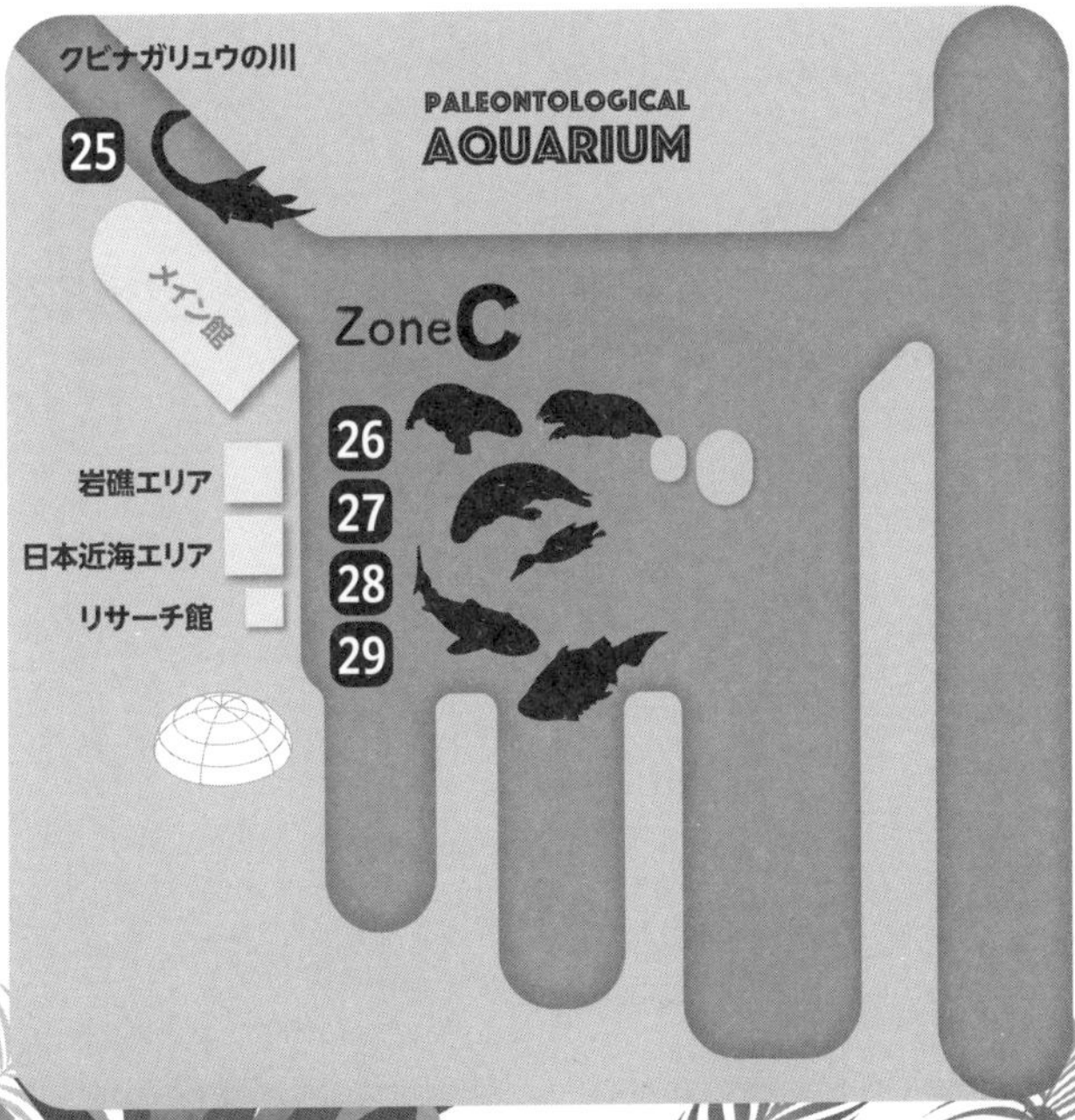

河川で暮らすクビナガリュウ類

フルービオネクテス

古生物監修
林 昭次
岡山理科大学

クビナガリュウ類の大半は、海に暮らしていた。そのため、〝出現〟も海だ。

しかし、それはあくまでも「大半」の話。どうやら、わずかながらも川で暮らしていた種類がいたらしい。

そんな少数派であっても、この水族館ではしっかりと保護・飼育をしている。河川に暮らす動物なら、河川を利用してしまえばよいのだ。

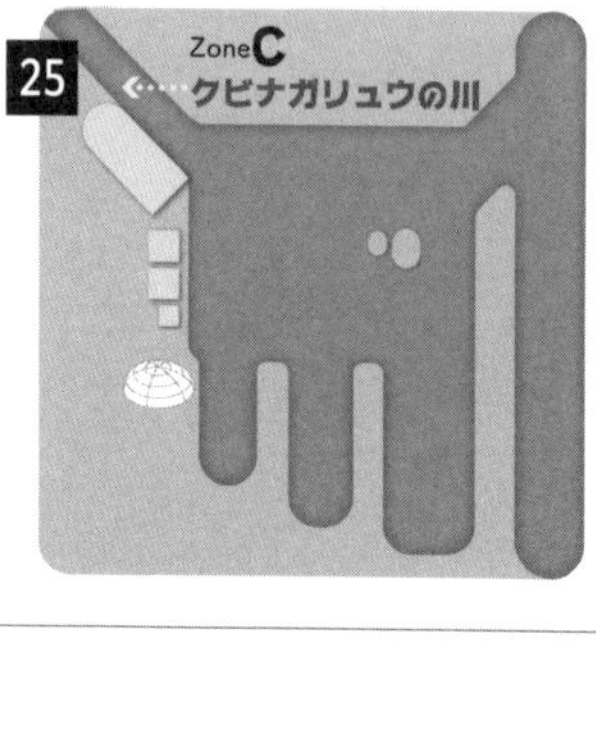

学名：*Fluvionectes*
分類：クビナガリュウ類
本来の生息時代：中生代白亜紀
古生物保護条約カテゴリー「B」

河川を仕切って飼育を

この水族館は河口域に位置している。水族館の敷地の隣を流れる川は、川幅が80メートルほど、水深が5メートルほど。この川の水族館側から50メートルほどの地点まで、長さ100メートルに渡って2重のネットで仕切られた〝天然の水槽〟がある。

この〝天然の水槽〟で飼育されている古生物は、小さな頭、長い首、樽をつぶしたような胴体、ひれ化した四肢、短い尾という典型的な「クビナガリュウ類」。全長は5メートル。

一般的に、「クビナガリュウ類」といえば海棲種だけれども、この〝天然の水槽〟にいるクビナガリュウ類は、もちろん淡水棲だ。その名を、フルービオネクテスという（※1）。

古生物が〝出現〟するようになって、国際自然史保護連合（IUCNH）がまず対応を迫られたのは、人間の居住域に近い地域に〝出現〟した陸棲種だった。なにしろ、人間の生命や生活に直接関わる（※2）。

次いで、河川に〝出現〟する淡水棲種に対処することになった。広大な海を泳ぎ回り、いつ、人類に遭遇するのかわからない海棲種よりも、人類との遭遇率が高いとみられる淡水棲の古生物の優先度が高く設定されたのだ。

カナダの河川に〝出現〟するフルービオネクテスも、IUCNHによって、「人間に危害を及ぼす可能性があるため、〝出現〟を確認後、早急なる捕獲が必要」とされ、「カテゴリーB」に指定されている。そして、〝出現国〟であるカナダの次に、フタバサウルスで飼育ノウハウを蓄積中の日本がフルービオネクテスの飼育と研究を担当することになった。

最初に〝出現〟した3個体のフルービオネクテスは、カナダのIUCNH指定水族館に。その次に〝出現〟した1個体が日本に送られた。捕獲にあたっては、金属音を使って網に追い込み、専用につくられたタンカで輸送船に移し、獣医師と飼育員が同伴して、溺死に気をつけながら運搬されてきた（※3）。

多数のアクリル観察窓で健康観察を

フルービオネクテスを飼育する〝天然の水槽〟には、3通りの観覧・観察エリアが用意されている。

一つは、〝天然の水槽〟の上を渡る橋だ。対岸まで続く

“天然の河川水槽”で暮らすフルービオネクテスを河川の中から見ることができます。

電脳会議

紙面版

新規送付のお申し込みは…

電脳会議事務局　検 索

で検索、もしくは以下の QR コード・URL から登録をお願いします。

https://gihyo.jp/site/inquiry/dennou

一切無料！

「電脳会議」紙面版の送付は送料含め費用は一切無料です。
登録時の個人情報の取扱については、株式会社技術評論社のプライバシーポリシーに準じます。

技術評論社のプライバシーポリシーはこちらを検索。

https://gihyo.jp/site/policy/

技術評論社　電脳会議事務局
〒162-0846 東京都新宿区市谷左内町21-13

予備水槽では、必要に応じて特別製の内視鏡を使った診察をおこなう。

幅3メートルほどの屋根付きの橋。運がよければ、この橋をくぐるフルービオネクテスを上から見ることができる。もっと運がよければ、1日数回のえさやりタイムを見ることもできるだろう。飼育員が定時にやってきて、水中のスピーカーで音を出すと、フルービオネクテスが顔を出す。その口をめがけて、冷凍のサケやマスなどを水槽の縁から投げ与える。これらのえさには、ビタミンB群のサプリメントを埋め込んである。えさの量は、1日あたり体重の1パーセントを目安としている。ちなみに、5メートル弱の大きさで来日したフルービオネクテスだけれども、カナダで先行している飼育例からみると、全長7メートルにまで成長するようだ（※4）。

二つ目の観覧・観察エリアは、長さ30メートルに渡って河岸に埋め込まれた地下観察室だ。この部屋には、高さ1メートル、幅3メートルのアクリルガラスが六つ並んでいる。そのアクリルガラス越しに、河川のようすを横方向から見ることができる。

三つ目の観覧エリアが最も人気が高い。河川内に「U」字型にのびるアクリルトンネルだ。フルービオネクテスを最も近くで見ることができる。

河川はしばしば濁るため、河岸の地下観察室からフルービオネクテスの姿が見えなくなることも少なくない。そのため、河川中にのびるアクリルトンネルが大きな役割を果たしている。

この川の上流域には都市部も工業地域もない。しかし、それでもゴミの流入などが問題になっている。そのため、上流には水質チェックをするための観測所が設けられているほか、天然の水槽を仕切るネットは、その網目が細かくなっている。

それでも、ごく稀に、川から流入したゴミを誤飲して、食欲不振、排便未確認、吐き戻しや嘔吐などの症状が出るときがある。こうしたときには、河岸につくられた予備水槽に誘導し、診断をおこなう。

予備水槽は可動床となっている。床を上げて、水を抜き、各種の診断、必要に応じて手術をおこなう。なお、異物チェックに用いられる内視鏡は、長さ5メートルの特別製だ（※5）。

なお、IUCNHで「カテゴリーB」に指定されているフルービオネクテスだけれども、その理由は「河川に〝出現〟」するためであり、実際のフルービオネクテスは、ほかのカテゴリーB級と同程度の危険があるわけではない。

日本を代表する〝謎の哺乳類〟

デスモスチルス パレオパラドキシア

古生物監修

林 昭次

岡山理科大学

日本各地の沿岸に〝出現〟した絶滅哺乳類の代表。デスモスチルスとパレオパラドキシアは、海外から見学に来る人もいるほどの人気古生物だ。

よく似た風貌の2種で、飼育も同じスペースでできるけれども、生態はちょっとちがう。

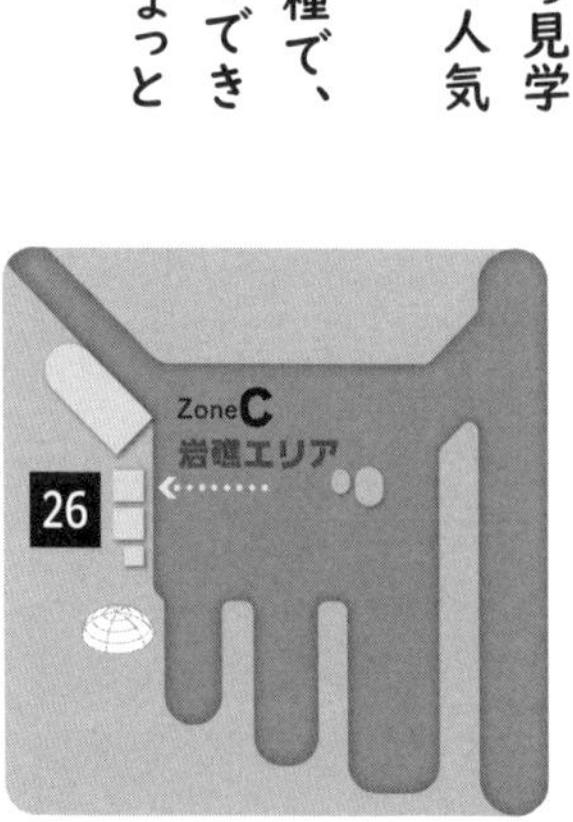

学名：*Desmostylus*
　　　Paleoparadoxia
分類：束柱類
本来の生息時代：新生代新第三紀中新世
古生物保護条約カテゴリー「―」
日本を代表する古生物として、国内外でとても人気があります。

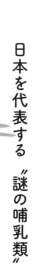

岩礁を再現

束柱類《そくちゅうるい》エリア。

それは、バスケットボールのコートが6面は入りそうな、南北50メートル、東西50メートルの屋外展示施設だ。面積の半分には、人工的に岩礁地帯がつくられ、残りの半分は最大水深3メートルほどのプールになっている。岩礁地帯に近いほど、水深は浅い。プールの底には砂が敷かれ、擬岩が配置されている。このプールでは、メバル、カレイ、ソイ、ホッケ、タラが泳いでいる。ただし、もちろん、こうしたサカナたちは展示の主役じゃない。

主役は、デスモスチルスとパレオパラドキシア（※1）。

デスモスチルスは、頭胴長3メートルほどの哺乳類。見た目は、どことなくカバに似ているけれども、四肢の付き方が異なり、また手足もカバより大きい。

パレオパラドキシアは、デスモスチルスとほぼ同じ大きさの頭胴長3メートルの哺乳類。デスモスチルスとよく似た姿をしているけれども、デスモスチルスと比べると、口先がやや寸詰まりだ。

ともに、「束柱類」という絶滅哺乳類の代表的な存在だ。

古生物たちの〝出現〟が始まって、日本沿岸には多くの束柱類が現れるようになった。この水族館で飼育している2種類の束柱類のうち、デスモスチルスは群れからはぐれた幼体を保護・飼育している個体が中心。パレオパラドキシアは、ボートによる外傷を受けていたものを保護し、治療して飼育している個体が中心だ（※2）。そうして保護されてきたデスモスチルスとパレオパラドキシアは、それぞれ5頭ずつ。さまざまな世代がいる。

よく似た2種類だけれども、エリア内で棲み分けがなされている。パレオパラドキシアは岩礁の上や、岩礁に近いところを静かに泳ぎ、デスモスチルスの多くは岩礁から離れたところを活発に泳いでいる（※3）。とくにデスモスチルスの幼体は、サカナたちに興味津々で、追いかけて遊んでいる。

楽しく育てる

デスモスチルスのえさは、エビ、カニを中心にタコやイカなどを1日3回、成体1頭あたり合計10キログラムを目安に。パレオパラドキシアは、レタス、キャベツ、ニンジン、セロリなどを与える（※4）。

果物などを使ったトレーニングもおこなわれる。実際、デスモスチルスとパレオパラドキシアは、ボールを使ったアシカショーのようなトレーニングを楽しんでいる。1日に数回、こうしたトレーニングをおこなうことで、デスモスチルスとパレオパラドキシアのストレス解消にもなるし、もちろん、来場者も喜ぶ。

とくにデスモスチルスは白内障や、足裏の皮膚炎などにかかりやすいので、注意が必要だ(※5)。

さて、デスモスチルスとパレオパラドキシアは、ともに「束柱類」の一員だ。このグループは〝出現〟前は、「謎の哺乳類」の代名詞だった。長鼻類(ゾウの仲間)に近縁とされるけれども、詳しいことは謎だった。

謎の中核にあったのは、その歯だ。「束柱類」という名称は、デスモスチルスの歯が「柱を束ねたように見える」ことに由来する。パレオパラドキシアの歯は、デスモスチルスほどの〝柱感〟はないけれども、それでも、やはり、不思議な形をしている。

この水族館の束柱類エリアでは、化石だけではなく、化石展示館も併設されている。件の歯化石だけではなく、その骨格

もあり、「謎といわれた哺乳類」の〝姿〟をしっかりと確認することができる。来場者は、生きているデスモスチルスやパレオパラドキシアとその歯化石を見て、哺乳類の多様性を感じることができるのだ。

デスモスチルスとパレオパラドキシア、見分けがつきますか？　ポイントは口先です。パレオパラドキシアの方がやや寸詰まりです。デスモスチルスは、水中で活発に泳いでいることが多いので、見分けるポイントになりますよ。

ペンギンもどきと、〝第4の鰭脚類〟

ホッカイドルニス アロデスムス

古生物監修
安藤達郎　足寄動物化石博物館
田中嘉寛　大阪市立自然史博物館

どことなくペンギンに似ているけれども、ペンギン類ではないホッカイドルニス。

なんとなくアシカに似ているけれども、アシカ類ではないアロデスムス。

この2種を同じエリアで飼育することで、たがいの運動を促す効果も期待できる。

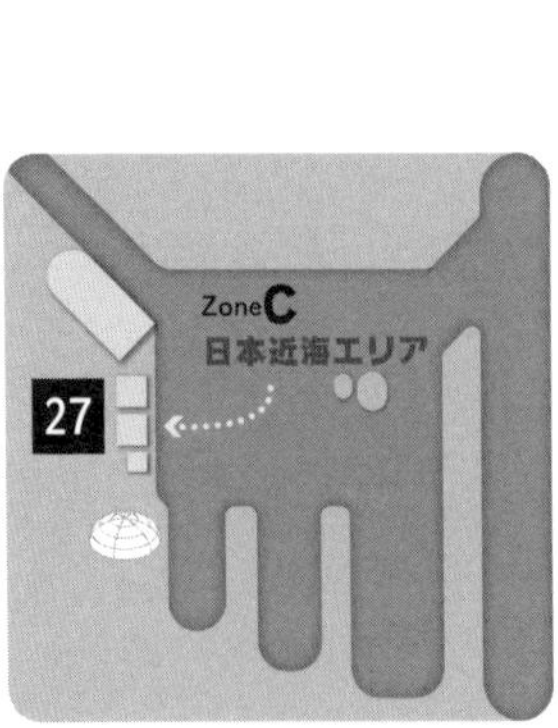

学名：*Hokkaidornis*
分類：ペンギンモドキ類
　　（プロトプテルム類）
本来の生息時代：新生代古第三紀漸新世
古生物保護条約カテゴリー「当館で調査中」

学名：*Allodesmus*
分類：デスマトフォカ類
本来の生息時代：新生代新第三紀中新世
古生物保護条約カテゴリー「―」

同じ空間でも隔離空間

バスケットボールのコート6面分に匹敵する、南北50メートル、東西50メートルの屋外展示施設がある。

奥の3分の1には砂の陸地、手前の3分の2は、最大水深3メートルほどのプールだ。プールは陸地に近いほど浅くなる。

ここは、ペンギンモドキ類のホッカイドルニス（※1）と、鰭《き》脚類《きゃくるい》のアロデスムス（※2）の展示ゾーンだ。

ホッカイドルニスは、身長1・3メートルほど。「ペンギンモドキ」の言葉が示すように、どことなくペンギンに似た姿をしているけれども、ペンギンと比べるとクチバシや首が細長く、翼も細い（※3）。あくまでも「ペンギンモドキ」であって、「ペンギン」じゃない（※4）。

アロデスムスは、見た目はアシカに似た鰭脚類。その系統はアシカやセイウチに近いとされている。全長は2・2メートル。「デスマトフォカ類」とよばれるグループの一員だ。このグループは、アシカ類、アザラシ類、セイウチ類に続く、もう一つの鰭脚類グループ、いわば、「第四のグループ」だ。

この展示では、10羽のホッカイドルニスと、5頭のアロデスムスが同じ空間で暮らしている。

いや、正確には「まったく同じ空間」というわけではない。展示を正面から見ていると気づかないかもしれないけれど、じつはホッカイドルニスとアロデスムスの間には、アクリルガラスの壁がある。そのため、彼らはたがいに行き来することはできない。

でも、単純な仕切りじゃない。

アロデスムスの水中から、直径1メートルほどのアクリルガラスのトンネルが、ホッカイドルニスのプール内へとのびているのだ。このトンネルは、ホッカイドルニスの展示の外に設けられた息継ぎ用の縦穴を経て、最終的には再びアロデスムスのプールへとつながっている。

好奇心旺盛で、遠洋まで泳ぐことのできるアロデスムスは、このトンネルを使ってホッカイドルニスを疑似的に追いかける。ホッカイドルニスも、普段はプールで自由に泳いでいるけれども、アロデスムスが来たら、念のためなのか、トンネルから離れようとする。

2種の混合展示をすることで、たがいの動きを誘発し、運動不足の解消につながっているのだ。

ホッカイドルニスとアロデスムスは、同じ空間にいるように展示されていますが、直接の交流はできないようになっています。

身近なエリアとリサーチ館
ホッカイドルニス　アロデスムス

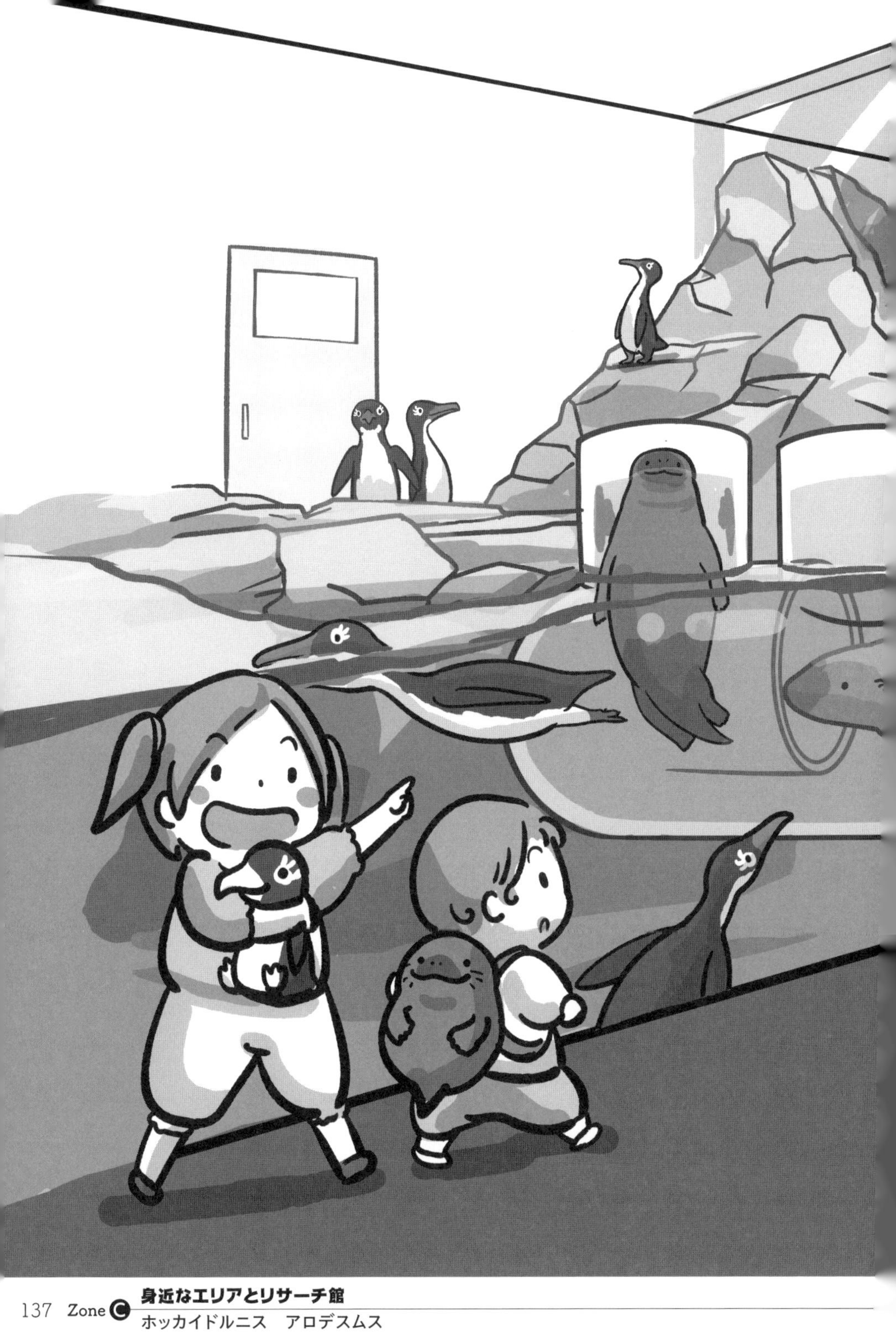

えさは、アジなどの小魚。投げ入れると夢中で食べにくる。

ペンギン経験のあるスタッフで

ホッカイドルニスは、その名が示唆するように、北海道沿岸域に〝出現〟する（※5）。当初は、順調に個体数をのばしていたものの、近年はなぜか繁殖が滞るようになった。そのため、国際自然史保護連合（ＩＵＣＮＨ）は、国際古生物保護条約を適応すべきかどうかの調査をこの水族館に依頼。この水族館では、数年前にいくつかの卵を持ち帰り、その卵から育て、世代を重ねさせて繁殖の観察と研究を進めている。

ホッカイドルニスのえさは、アジなどの小さな魚が中心だ。1日2回、合計して体重の2〜3パーセントを目安とする。この給餌にあたるのは、ペンギン飼育の経験があるスタッフだ。なにしろ、ホッカイドルニスはペンギンよりも首の力が強く、首もよく動く。羽ばたく力、足の力、ともにジャイアントペンギンと同程度はある。おまけに警戒心も低くない。給餌には、ペンギン以上の注意が必要とされている。

ホッカイドルニスは、年に数回の換羽期があり（※6）、その時期はプールに入らない。この期間は、給餌の量を減らすことにしている（※7）。

アロデスムスは、ハーレムをつくる。

繁殖にあたっては、産卵を確認したら、機会を見て、その卵を擬卵とかえる。こうすることで、なんらかの事故で卵が割れないようにするとともに、卵自体は人工孵化をおこなうことでさまざまなデータを取る。

一方のアロデスムスは、親とはぐれた幼獣を保護し、育ててきた個体ばかり。この水族館にいる5頭は、そうして都度都度やってきた5頭で、成体のオスが1頭、成体のメスが3頭、幼体のメスが1頭だ。成体のオスが1頭しかいないのは偶然ではなく、ハーレムをつくるというその生態から、1頭しか保護できないのが実情となっている。

アロデスムスのえさは、基本的にはホッカイドルニスと同じだ。量の目安は、体重の5~8パーセント。これを1日3回に分けて与える。こちらはとくに繁殖などに問題を抱えていないため、オスが生まれた場合に他園への移動を手配したり、成長したのちに自然界へ戻したりする。

ホッカイドルニスは、アスペルギルス感染症、マラリア感染症、バンブルフット、換羽異常など（※8）への警戒がなされ、アロデスムスは白内障や歯牙疾患など（※9）も警戒されている。こうした異常を早期にみつけたり、健康を管理したりするため、両種ともに受診に慣れるトレーニングは欠かせない。

「メスだけ？」の謎にせまる

クラドセラケ

古生物監修
冨田武照
沖縄美ら島財団総合研究所

古生物の〝出現〟は、化石ではわからなかった謎を解き明かすチャンスでもある。

「メスだけしかいない」とされている軟骨魚類、クラドセラケも、そうした研究の対象となっている。

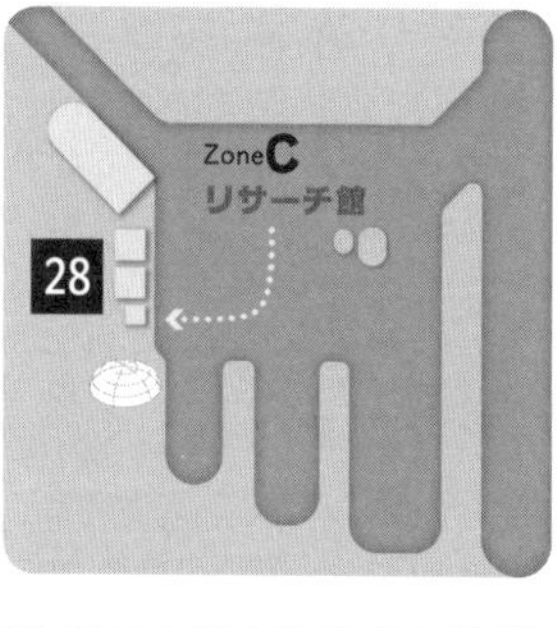

学名：*Cladoselache*
分類：軟骨魚類
本来の生息時代：古生代デボン紀
古生物保護条約カテゴリー「C」
かつては「最古のサメ」といわれたこともありますが、じつは「サメ（板鰓類）」よりもっと原始的な存在です。

ペニスがない？

クラドセラケは、よく知られた軟骨魚類だ（※1）。

通常、軟骨魚類の化石は、文字どおり「軟骨」が化石に残りにくいため、全身がわかりにくい傾向にある。ほとんどの場合で、化石は歯だけが発見されており、その歯に基づいた研究がおこなわれている。〝出現〟後でも、軟骨魚類に関しては、それが〝出現〟した古生物なのか、それとも未発見の現生種なのかが議論されているほどだ。

でも、クラドセラケは別格。

〝出現〟前でも、数百の化石が知られていた。そして、多くの化石で全身の姿が確認できるのだ。

その全長は、1・5メートルほどのものが多い。姿は流線形で、発達した胸びれと背びれ、三日月型の尾びれをもつ。「最古のサメ」としてもよく知られているけれども、実際のところは、クラドセラケは「軟骨魚類」ではあるが、「サメの仲間（板鰓類）ではない」との見方が強い。

そんなクラドセラケには、大きな謎があった。

「クラスパー」のある化石が発見されていないのだ。

クラスパーは、「軟骨魚類のペニス」である。けっして化石に残りやすい部位ではないが、クラドセラケはたくさんの良質な化石が発見されているにもかかわらず、クラスパーがない（※2）。

クラドセラケは、メスだけなのか？

それとも、クラスパーをもたない軟骨魚類なのか？

いったい、どのように繁殖しているのか？

有名な古生物だけに、この謎は高い注目を集めていた。

研究用の小型水族館

クラドセラケは、定置網にかかることが少なくない。クラドセラケであることが確認されれば、漁船のカンコ、地上では大型活魚車に入れられて、国際自然史保護連合（IUCNH）の指定水族館へと運ばれてくる（※3）。

クラドセラケは数多く発見・捕獲されているため、世界でも多くの水族館で飼育されている。その中でも、この水族館では、敷地内にある大学の研究施設で観察がおこなわれていることで有名だ。

その施設は、三つの大学が資金を出し合ってつくった研究用の小型水族館。通称「リサーチ館」。

建物内にあるのは、幅10メートル、奥行き20メートル、深さ5メートルのメイン水槽が1槽と、幅5メートル、奥行き10メートル、深さ1メートルの実験用水槽が1槽。そして、幅2メートル、奥行き1メートル、深さ1メートルの幼魚用水槽の3槽だ。すべて研究用であるため、ベアタンクとなっており（※4）、観察しやすいように4面がアクリルガラスで囲われている。

それぞれの水槽は別の部屋に置かれ、照明と水温を独立してコントロールできる。

研究施設ではあるが、来場者もこの施設に入ることができる。研究者用と来場者の通路はとくに分かれていないため、ときには研究者の議論が来場者のすぐそばでおこなわれることもある。また、ときには研究者が来場者に対して、自分の研究テーマを解説することもある。

現在、飼育されているクラドセラケは、メイン水槽に3匹、ほかの水槽にはさまざまな世代のクラドセラケが合計5匹飼育されている。

メスだけなのか、それとも、なんらかの方法で繁殖をおこなっているのか、そうした繁殖実験が研究施設のメインテーマではあるけれども、生理学、遺伝学、解剖学、行動学の研究者もこの施設を使って研究を進めている。非公開になっている施設の上層階には、研究者用の宿泊施設や会議室も用意されている。

えさは、サバ、アジ、イカなど（※5）。研究の進展にあわせて与えている。ベアタンクなので、掃除も楽だ。必要に応じて、逐次掃除されている。

リサーチ館は研究施設ですが、一般公開されています。研究風景もあわせてご覧ください。

謎の「棘魚類」の〝正体〟を知りたい!

プトマカントゥス

古生物監修
冨田武照
沖縄美ら島財団
総合研究所

現在では、多種多様な水棲古生物が海を泳いでいる。その中には、〝出現〟まで「グループ全体が不思議」とされていたサカナたちも少なくない。
　プトマカントゥスの属する「棘魚類」は、まさにそんな不思議グループの一つ。飼育ができることを幸いに、さまざまな研究がおこなわれている。

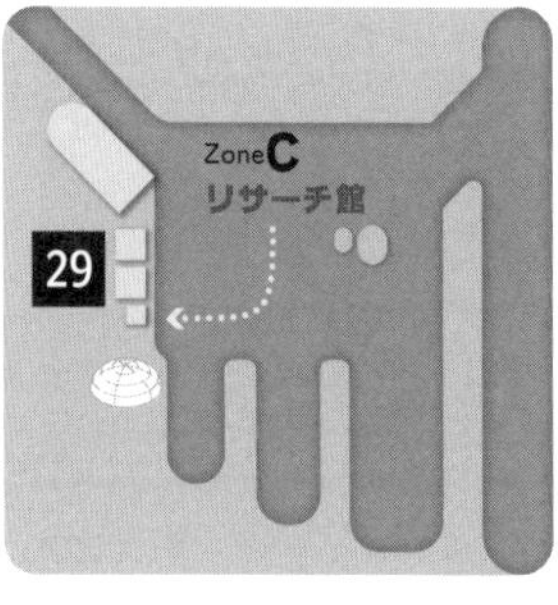

学名：*Ptomacanthus*
分類：棘魚類
本来の生息時代：古生代デボン紀
古生物保護条約カテゴリー「ー」
各ひれの前縁に棘があります。古生代に大いに繁栄した棘魚類の一つです。

並ぶ水槽の中に

研究用の小型水族館「リサーチ館」では、プトマカントゥスの飼育もおこなわれている（※1）。

プトマカントゥスは、「棘魚類」の一つ。全長は、30センチメートルほどで、腹部が上下方向にやや膨らむ。各ひれの前縁に骨の棘《とげ》があることも大切な特徴の一つ。この棘こそが、「棘魚類」である証拠となっている。ただし、棘を使った防御行動がどのようなものだったのかはよくわかっていない。

プトマカントゥスの飼育スペースは、一つの展示用水槽と、六つの研究用水槽、一つの稚魚用の集合水槽システムで構成されている。

展示用水槽の大きさは、幅3メートル、奥行き1メートル、深さ1・5メートルほどだ。この水槽には3匹のプトマカントゥスがいる。来場者は、この水槽でプトマカントゥスを見ることができる。

実験用水槽は、大中小の3サイズがそれぞれ2槽ずつ。大サイズの水槽は、幅2メートル、奥行き1メートル、深さ50センチメートル。中サイズは幅1メートル、奥行き50センチメートル、深さ30センチメートル。小サイズは幅50センチメートル、奥行き50センチメートル、深さ30センチメートルだ。この水槽が一列に並んでいる。それぞれの水槽で、1～3匹のプトマカントゥスが飼育されている。

稚魚用の集合水槽システムには、幅15センチメートル、奥行き50センチメートル、深さ20センチメートルほどの小さな水槽が合計40槽並び、殺菌用の紫外線ライトが備え付けられている。

なお、水槽が並ぶ部屋の一角には、水質検査ブースも用意されている。ここでは定期的に採取した飼育水の検査をおこなっている。

上から研究風景を見る

プトマカントゥスは、なにしろ「棘魚類」だ。研究にあたっては、その棘に十分な注意を払う必要がある。えさは、解凍した小魚がメインとなる。

展示用以外の水槽も、非公開というわけじゃない。研究用と稚魚用の水槽が並ぶスペースの上には来場者向けのキャットウォークが用意されている。来場者は、上から、研究風景を見ることになるわけだ。

こうした研究成果は、国際自然史保護連合（IUCNH）で集約され、棘魚類全体の生態解明や、生態系へ与えるであろう影響の調査などがさらに進められていく。将来的には、ほかの分類群と同じように、一般水槽で展示されるようになることだろう。

棘魚類の謎に迫る研究がおこなわれている。一般見学も可能だ。

Zone D
クジラのドーム

ドームの規模は、世界最大級を誇ります。ドーム内はほど良い暖かさに気温が制御され、空調もしっかり完備。ドームに入っただけで、非日常を感じることができるはず。「王」の名前をもつクジラのバシロサウルスたちに会うことができますよ。ドーム内には、カフェ「ケタス」があります。ぜひ、ご利用ください。

30 アンビュロケタス　31 バシロサウルス　32 ハーペトケタス

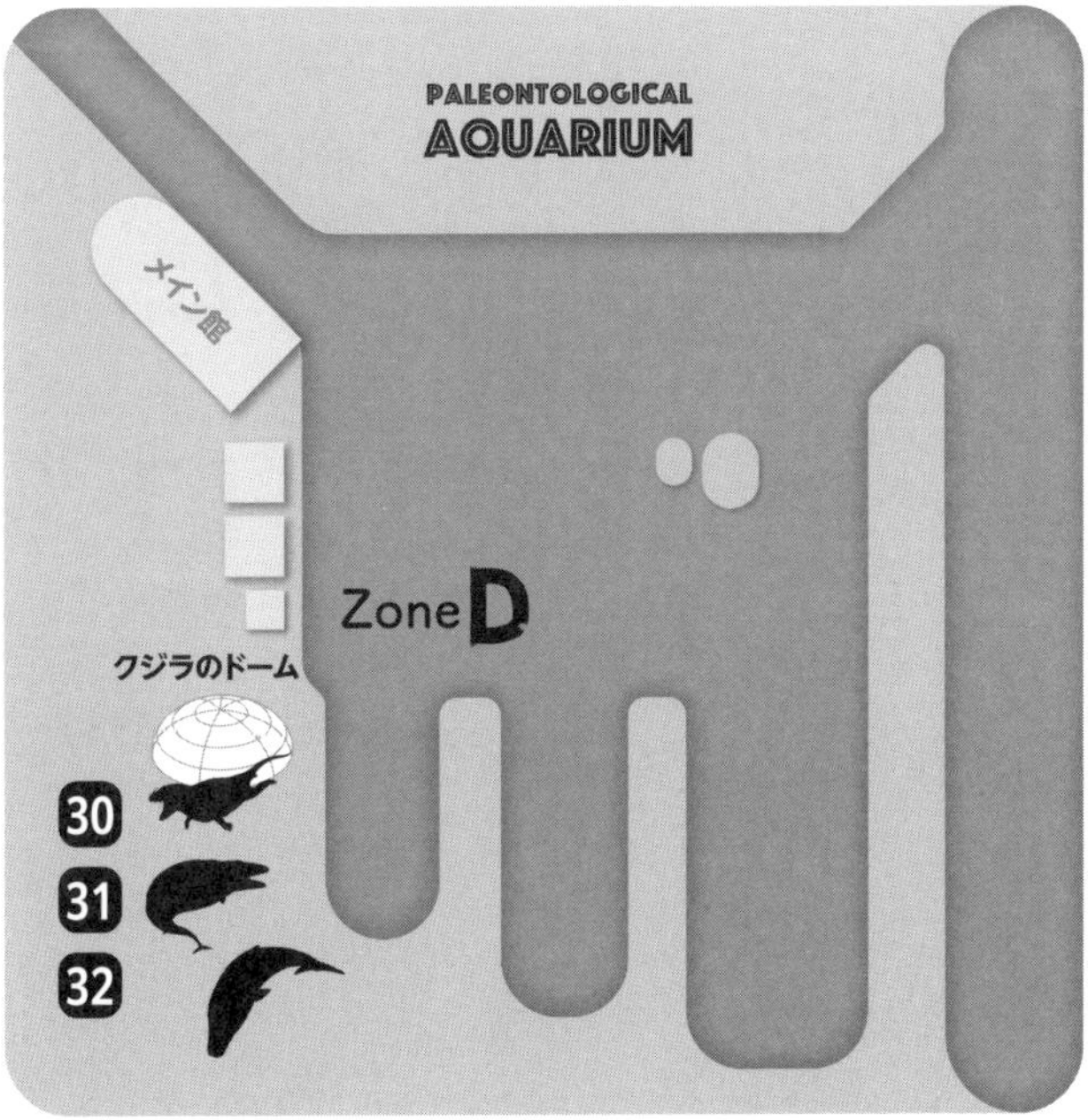

ワニのようなクジラ

アンビュロケタス

古生物監修
田中嘉寛
大阪市立自然史博物館

かつて、クジラ類の〝始祖〟は陸上にいた。進化とともに生活の場を水中に移したのだ。
アンビュロケタスは、その進化の途上にあるとされる。「毛の生えたワニ」とも形容され、生活の主体は水中ながらも、陸棲の哺乳類を襲うことがある。

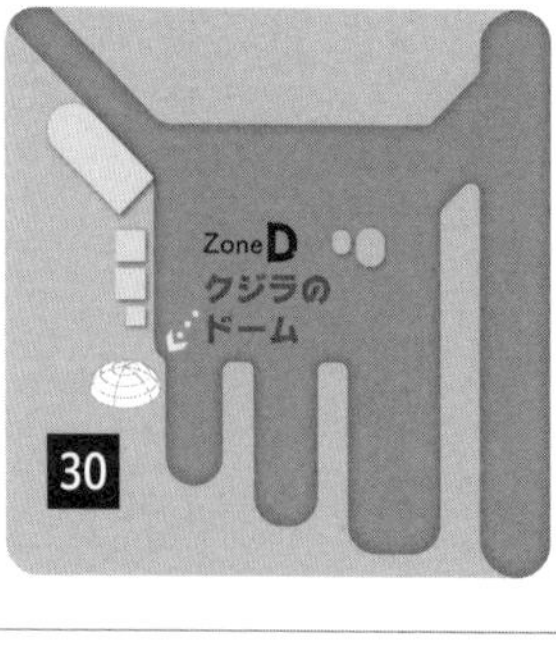

学名：*Ambulocetus*
分類：ムカシクジラ類
本来の生息時代：新生代古第三紀始新世
古生物保護条約カテゴリー「B, C」

人工のマングローブ林に

「クジラのドーム」と題された建築物に入る。

そこは、ガラス天井に覆われた広大な空間だ。ほどよい暖かさで、空調がしっかりと管理されている（※1）。

このドーム施設では、複数のクジラ類が飼育されている。

アンビュロケタス（※2）は、そんなクジラ類の一つ。

大きくなると全長3・5メートル近くにまで成長する。おもに水中で生活しているけれども（※3）、短い四肢はひれではなく、あしだ。水中から顔を少しだけ出して、水面上を探るようすが、どことなくワニを彷彿とさせるため、「毛の生えたワニ」と表現する人もいる（※4）。

アンビュロケタスの飼育エリアは、四つのプールで構成されている。このうち、二つは公開され、残る二つは非公開だ。

二つの公開プールは、それぞれ幅25メートル、奥行き25メートルの正方形。人工のマングローブがいくつも配置され（※5）、ちょっとした林をつくる。そして、面積の3分の1ほどは砂浜だ。プールは砂浜から離れるほどに深いつくりで、最大水深は2メートルほど。一つのプールで3頭のメスと1頭の幼体が、もう一つのプールでは、2頭のオスが飼育されている。二つの公開プールは、遠隔操作のできるゲートでつながっており、繁殖期にこのゲートを開放することで、交配を促すことになっている。観覧通路との境には、高さ1メートルほどのアクリルガラスが連なり、来場者はこのアクリルガラス越しにアンビュロケタスを見る。

観覧通路から死角となるマングローブの奥には、ゲートのついた浅い水路が2本ある。それぞれの水路の先にあるのは、丈夫な鉄格子に囲まれた小規模なプール。そのプールは幅8メートルほど、奥行き8メートルほどで、水深は1メートルほど。一角には、水深の極めて浅い台が用意されている。

この非公開の二つのプールは、ホールディングプールと医療用プール（※6）。ホールディングプールは、この水族館にはじめてやってきた個体を隔離させたり、生まれたての個体を人工保育したりする際に使用する。医療用プールの用途は、文字どおりのものだ。

凶暴で、重要

アンビュロケタスは、クジラはクジラでも、正確にはクジラ類ではなく、「ムカシクジラ類」に分類される。〝出現〟

オスとメスは、別のプールで暮らしている。ただし、繁殖期には、二つのプールがつながる。

前には、見ることのできなかった絶滅グループの一員だ。

ムカシクジラ類の進化は、陸で始まった。進化を重ねるごとに水中へ進出し、その後、完全な海棲種となった。そして、ムカシクジラ類からクジラ類が生まれ、現在に至っている（※7）。アンビュロケタスは、まさしく「水中へ進出」したころのムカシクジラ類とされる。

問題は、その生態だ。まさにワニのように水際に生息し、水際にやってきた動物を襲う。〝出現地〟では、海水浴に来た人々が襲われる事例が頻発している。

すべての古生物の保護を謳う国際自然史保護連合（IUCNH）は、「人間に危害を及ぼす可能性があるため、〝出現〟を

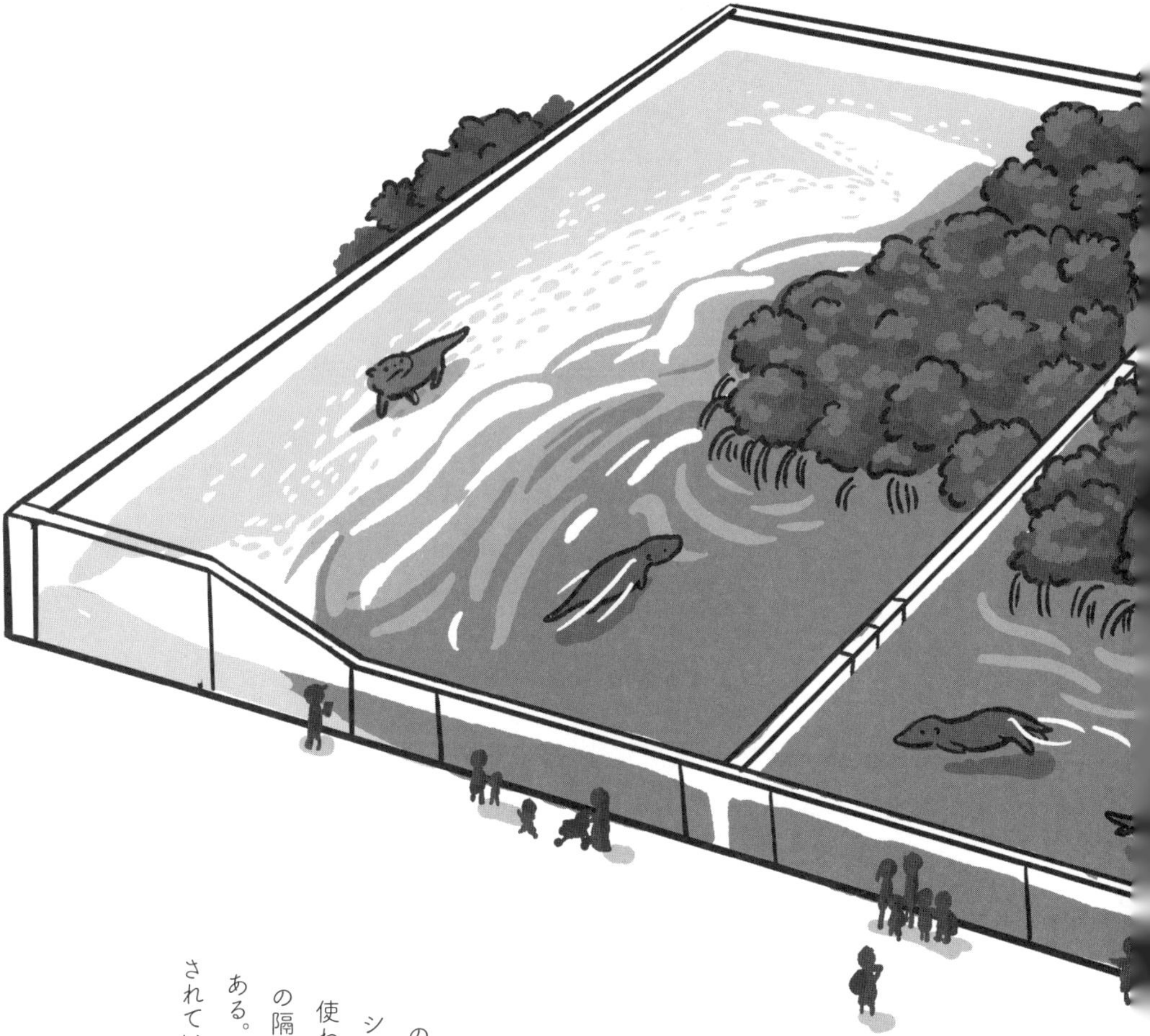

確認後、早急なる捕獲が必要」として、アンビュロケタスを「カテゴリーB」に指定するとともに、クジラ類の進化を知る上で重要であるとして、「教育的価値・研究的価値が高く、教育機関・研究機関における積極的な飼育と保全研究が求められる」の「カテゴリーC」にも指定している。

一方、〝出現地〟の人々の生活を守るため、現地の漁業組合には、一定数までの捕獲許可を出している。

この水族館にやってきたアンビュロケタスは、IUCNHの職員が捕獲し、輸送されてきたものだ。輸送にあたっては、温度と湿度が管理され、シャワーによる耐乾燥設備の整った特殊コンテナが使われた。到着後、ホールディングプールで半年間の隔離（※8）をおこない、この間に馴致もすませてある。また、麻酔で眠らせて、マイクロチップも挿入されている。

玩具を使った運動は、ストレス解消にもつながっている。

音を使う

食事は、馬肉と骨付きの鶏肉がメイン。これに、肉食哺乳類用のサプリメントを仕込んで与える。成体のえさの量は、1日10～15キログラムほどだ。これを朝夕の2回与えている。

アンビュロケタスは、音への反応が強い。そこで、えさの時間になったら、飼育員が観覧通路そばに設けられた専用区域から水際の地面を軽く叩く(※9)。すると、それまでプールで泳いでいたアンビュロケタスが浅瀬にやってきて顔を出すので、その口をめがけてえさを投げ与える。危険なので、飼育員はアンビュロケタスと同じ空間に入らないように注意する。

1日に1度は、個別に医療用プールへ移動して、健康診断をおこなう。この際も、音を利用する。複数種類の笛の音を用意して、それぞれの音に反応するようにトレーニングし、自分の音が聞こえたら、ゲートを通って移動。その先にある水深の浅い診察台にみずから乗ると、褒美の鶏肉がもらえる。

診察台の脇には格子があり、獣医師はその格子越しに触診、聴診、口内検査、採尿、採血などをおこなう。

まれに、人工のマングローブの葉がプールに落ちていることがある。この葉はもちろん人工物なので、誤飲してしまうと場合によっては手術で取り出さないといけない。そうならないように、「プールに落ちていたものは、給餌のときにもってくる」とアンビュロケタスにトレーニングをしておくことも大切だ(※10)。

なお、1週間に数回の割合で、手製の玩具が公開プールに入れられる。検診が終わったあとに与えられ、喜んで公開プールに持ち帰るときもある。大抵の玩具は、ロープを束ねたものや、浮具を組み合わせた単純なもの。これは、いわゆる「芸」ではなく、あくまでもアンビュロケタスの興味に基づいておこなわれる(※11)。夏場には、えさを氷に閉じ込めて与えられる。これは、アンビュロケタスたちにも好評で、玩具をもった飼育員の姿を見かけると、水面から顔を出す。凶暴な動物の愛らしい一面というわけで、その写真は、ＳＮＳでもしばしば拡散されているから見たことのある人は少なくないかもしれない。

「王」の名前をもつクジラ

バシロサウルス

古生物監修
田中嘉寛
大阪市立自然史博物館

全長20メートルにまで成長する巨大クジラ。もちろん、飼育にも巨大なスペースが必要となる。この水族館では、ショープールと水中観覧室を設置。太古の「王」の姿をさまざまな角度から見ることができる。

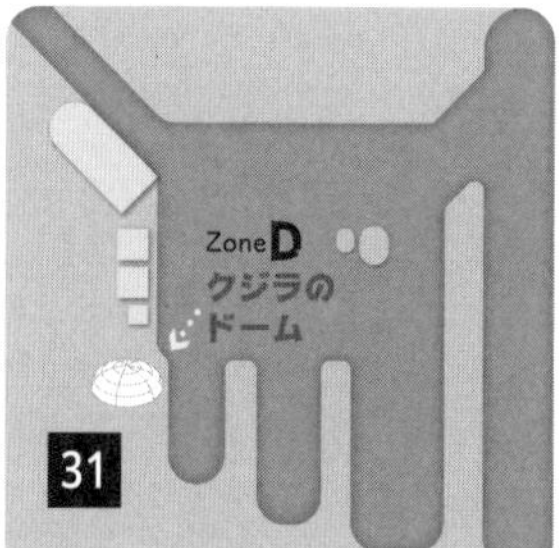

学名：*Basilosaurus*
分類：ムカシクジラ類
本来の生息時代：新生代古第三紀始新世
古生物保護条約カテゴリー「B」
「サウルス」という名前がついていますが、実際には哺乳類（クジラ類の仲間）です。

10万トンの巨大プール

「クジラのドーム」には、長径112メートル、深さ10メートル、水量約10万トンという巨大な楕円形ショープールがある（※1）。そのショープールの奥に設置されているのは、縦8・64メートル、横32メートルの大型映像装置。その名も「バシロ・ビジョン」。300人が座ることのできる階段席から、このショープールとバシロ・ビジョンが一望できる。さらにショープールの中の地下部分には、全面アクリルガラスの観覧室が備わる。

バシロサウルス（※2）のプールだ。

バシロサウルスは、全長20メートルにまで成長する巨大なクジラ類。「バシロ」は王を意味するギリシャ語に由来する。もっとも、「クジラ類」とはいっても、アンビュロケタスなどと同じ「ムカシクジラ類」の一員だ。その見た目は現生のクジラ類とずいぶんちがう。現生の大型のクジラ類と比較すると一目瞭然。なにしろ、バシロサウルスは、その頭部が小さいのだ。そして、小さな後ろあしもある。また、全体的に細身であり、現生の同サイズのクジラ類と比べると、泳ぎに力強さはない。

その一方で、かなりアグレッシブな気性で知られ、必要とあれば、長時間にわたって獲物を追いかける（※3）。その結果、沿岸に近いところにやってくることもあるため、国際自然史保護連合（IUCNH）は、〝出現〟が確認された海域の近くを通る船舶には注意をよびかけている。

実際のところ、悩まされているのは、漁業関係者だ。獲物を追いかけてやってきたバシロサウルスが、しばしば漁網にかかるのだ。大きな個体の場合は、そのまま漁網を引きずって泳ぎ去ってしまい、それほど大きくなければ、その場で動きがとれなくなって死亡することもある。そのため、漁網にかかった個体が発見されるとIUCNHに通報があり、IUCNH指定の水族館から急遽、保護スタッフが派遣される、ということが世界各地でおこなわれている。

この水族館で飼育している大中小の3個体は、いずれも、漁網に絡まって動けなくなった個体を助け出し、治療し、飼育しているもの。最も大きな個体は、現在では20メートル近くにまで成長しているけれども、保護したときのサイズは、10メートルに満たなかった。なお、3頭はいずれもメスで、血縁はない。……ないのだが、小さな個体は大きな個体を母と思っているようで、寄り添うように泳いでいる

ことが多い（※4）。

バシロ・ビジョンで、口の中を

ショープールの奥、大型映像装置の向こう側の来場者から見えない場所に、水中ゲートを通じてつながる二つの非公開プールが用意されている。この二つのプールの大きさは、ともに半径20メートル、深さ10メートル。一つは、ホールディングプールで、もう一つは医療用プールだ。どちらのプールもショープールとつながっているほか、たがいのプールをつなげる水路もある。

ホールディングプールは、ドームの端に位置し、そのすぐ向こう側は小さな港になっている。これは、保護した個体を少しでも搬入しやすくする配置だ。今のところ、この水族館で受け入れている個体はメスだけ。しかし、繁殖をめざす場合は、このホールディングプールは、オス用の飼育プールとして使われることになる。

医療用プールは、油圧式の可動床。床には小さな穴が無数に開いていて、可動床を上昇させると水が抜ける仕様となっている（※5）。漁網から保護された個体は、ホールディングプールを経由して医療用プールに運ばれ、まずここで

この水族館のバシロサウルスは、
よくトレーニングをされているので、
こうしたショーが可能だ。

外傷の治療が行われる。モルビリウイルス、豚丹毒、カンジダなどがとくに警戒されている（※6）。

えさは、サケ、ブリ、ビンナガマグロ、キハダマグロ、マジェランアイナメ、サメ類など（※7）を口に直接投げ入れる。量は1日あたり体重の1〜3・5パーセントを目安とし、体重の増減や体調を見て調整している。

1日に数回予定しているショーでは、合図とともにバシロサウルスが顔を水面から出す。来場者にまずその頭部の小ささを確認してもらう。また、バシロサウルスがかつて海棲爬虫類と勘違いされていたことに触れ（※8）、爬虫類と哺乳類のちがいの一つとして歯の形のちがいをバシロ・ビジョンで説明したのち、飼育員の合図でバシロサウルスに口を開けさせる。そうすることで、来場者に実際にその歯を確認してもらうのだ。もちろん、この口の中のようすも、バシロ・ビジョンに映し出される。

〝出現古生物〟で、
現生種の手がかりを探す

ハーペトケタス

現生種だからといって、人類がそのすべてを知っているとは限らない。
巨大な海棲動物であるヒゲクジラ類も、謎の多い現生種の一つ。そのため、飼育しやすい絶滅ヒゲクジラ類の〝出現〟を契機として、現生のヒゲクジラ類の生態の手がかりを得ようという試みが進められている。

古生物監修
田中嘉寛
大阪市立自然史博物館

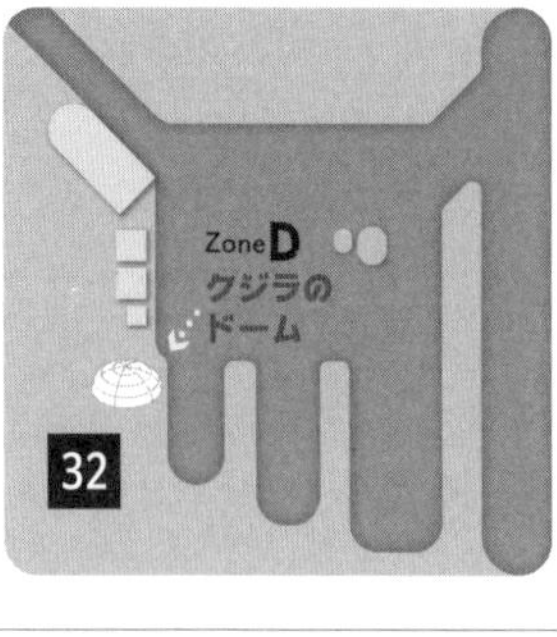

学名：*Herpetocetus*
分類：ヒゲクジラ類
本来の生息時代：新生代新第三紀中新世～第四紀更新世
古生物保護条約カテゴリー「C」

プールにいるヒゲクジラ

「クジラのドーム」に〝ちょっと変わった動物〟がいる。

え？

「古生物なら、みんな、〝ちょっと変わっている〟だろ」だって？

そうかもしれない。

でも、このプールで飼育されているクジラは、〝ちょっと変わっている〟の意味合いが異なる。

その名は、ハーペトケタス（※1）。姿形は、現生のヒゲクジラ類に似ているけれども、その全長は3メートルほどしかない。

ヒゲクジラ類といえば、大型海棲哺乳類の代名詞。史上最大級の動物として知られる全長30メートルのシロナガスクジラをはじめ、全長15メートルのザトウクジラなど、10メートル超級の種が多い。最も小さなヒゲクジラ類の現生種としてコセミクジラがいるけれども、それでも全長は5メートルを超える（※2）。

こうした巨体ゆえに研究施設で飼育をすることが難しく、また、多くの種が遠洋性であるために、人類との遭遇率も高くない。

そのため、ヒゲクジラ類は、その知名度の割には謎が多い。とくに、繁殖や生理など、よくわかっていない。

そこで、アメリカや日本の沿岸などに〝出現〟するハーペトケタスだ。

この小さなヒゲクジラ類は、沿岸域を泳ぎ、しばしば港湾に迷い込む。ヒゲクジラ類として〝人類に最も身近な種〟といえる。そのため、多くの研究者が、ハーペトケタスを研究することで、現生のヒゲクジラ類の謎につながる手がかりを得ようとしている。

港湾に迷い込んだハーペトケタスは、ほとんどのケースで、自分で出口をみつけて海へと戻る。けれども、ごく稀に出口を見つけられずに衰弱してしまう個体もいる。

この水族館で飼育されている個体は、そんな衰弱個体を保護したもの。国際自然史保護連合（ＩＵＣＮＨ）は、ハーペトケタスを「カテゴリーＣ（教育的価値・研究的価値が高く、教育機関・研究機関における積極的な飼育と保全研究が求められる）」に指定している。

ハーペトケタスは公開展示はしていません。通路から研究風景をご覧ください。

繁殖に関する診断では、エコー測定もおこなわれる。

見学は、「バックヤード」

クジラのドームの一角に用意されたハーペトケタスの専用プールは、全部で四つある。すべて円形で、第1メインプールと第2メインプールの大きさは、それぞれ直径16メートル、水深4メートル。現在、第1メインプールでは成体のメス2頭と幼体1頭が、第2メインプールでは世代の異なるメス3頭がいる。成体のメス1頭と幼体の1頭は親子だ。

残りの二つは、ホールディングプールと医療用プールだ。この二つのプールはメインプールよりも小さなサイズで、サイズは直径8メートルの円形。水深は3メートルになっている。医療用プールの床は小さな孔の空いた可動床で、遠隔操作によって上昇させ、水を抜きながらの診察が可能な仕様だ（※3）。

すべてのプールはゲート付きの水路でつながっており、必要に応じて行き来ができる。

ハーペトケタスの展示は、研究色が強い。一般の来場者という、ある種のストレスを軽減し、研究者が研究に専念できる施設としてつくられた。

プールの上端には、キャットウォークが用意されている。

また、プール側面は基本的にはコンクリート壁だけれども、随所にアクリルガラスの窓が設置されている。キャットウォークは研究者と飼育員の専用だ。ほかにも研究者用の観察室や実験室などが並ぶ。

来場者用の通路はその上階にある。プールの随所に設置された観察中のカメラの映像は、来場者用の通路内に設置されたディスプレイにも表示され、来場者はそのディスプレイでも、ハーペトケタスのようすを見ることができる。

繁殖研究の最前線

えさは、オキアミ、イサザアミなどの甲殻類を中心とし、キビナゴなどの小型のサカナ、ヒイカなどの軟体動物を与え、栄養成分を計算して、不足はサプリメントで補う。飼量は、1日10~15キログラムを基本とし、体調を見ながら調整する。ハーペトケタスは、さまざまな食べ方（丸のみ、突進食べ、海底吸引など）をすることが見えてきた（※4）。

この水族館でおこなわれているハーペトケタスに関する研究テーマのうち、最も注目されているのは、繁殖に関わるものだ。

研究がしやすいように、日頃から各個体には、じっとしていたり、合図で寄ってきたりといったさまざまなトレーニングをおこなっている。診断項目は、体温、血液、尿、卵巣や精巣のエコー測定など多岐にわたり、これによって、繁殖期や排卵日、精子形成期間などが調べられている。

あらかじめ、オスの精子を採集しておき、必要に応じて冷凍保存をしておく（※5）。メスの排卵日を確認したら、その精子を子宮内に注入する。

その後、日々、経過観察をおこない、出産が近づいてきたら、その個体はホールディングプールに移す。このとき、もともとペアで捕獲されていた未成熟の子もいっしょに移すことで、母の不安を和らげる効果があると期待されている。出産と育児は、ホールディングプールでおこなわれる。

出産後の扱いに関しては、IUCNHは自然界へ戻すことを推奨している。ただし、1頭だけで戻すことは孤独化とそれによる衰弱を招くおそれがあるともされており、少なくとも数頭単位で群れを組めるように成長してから、自然界に放つことが一般的だ。この水族館でも、その方向で飼育が進められている。

Zone E ビーチと入り江

　地形を利用した施設群です。メイン館に近い方から、大型カメ類のアーケロンが暮らすビーチ、大型海棲爬虫類のモササウルスが暮らす入り江、ハクジラ類のリヴィアタンが暮らす入り江となっています。双眼鏡を忘れずに（バス停の近くでも販売・レンタルしています）。リヴィアタン入り江の桟橋にあるカフェ「メルヴィル」では、眺めのよい窓側の席がおすすめです！

33 アーケロン	35 モササウルス
34 ストゥペンデミス	36 リヴィアタン

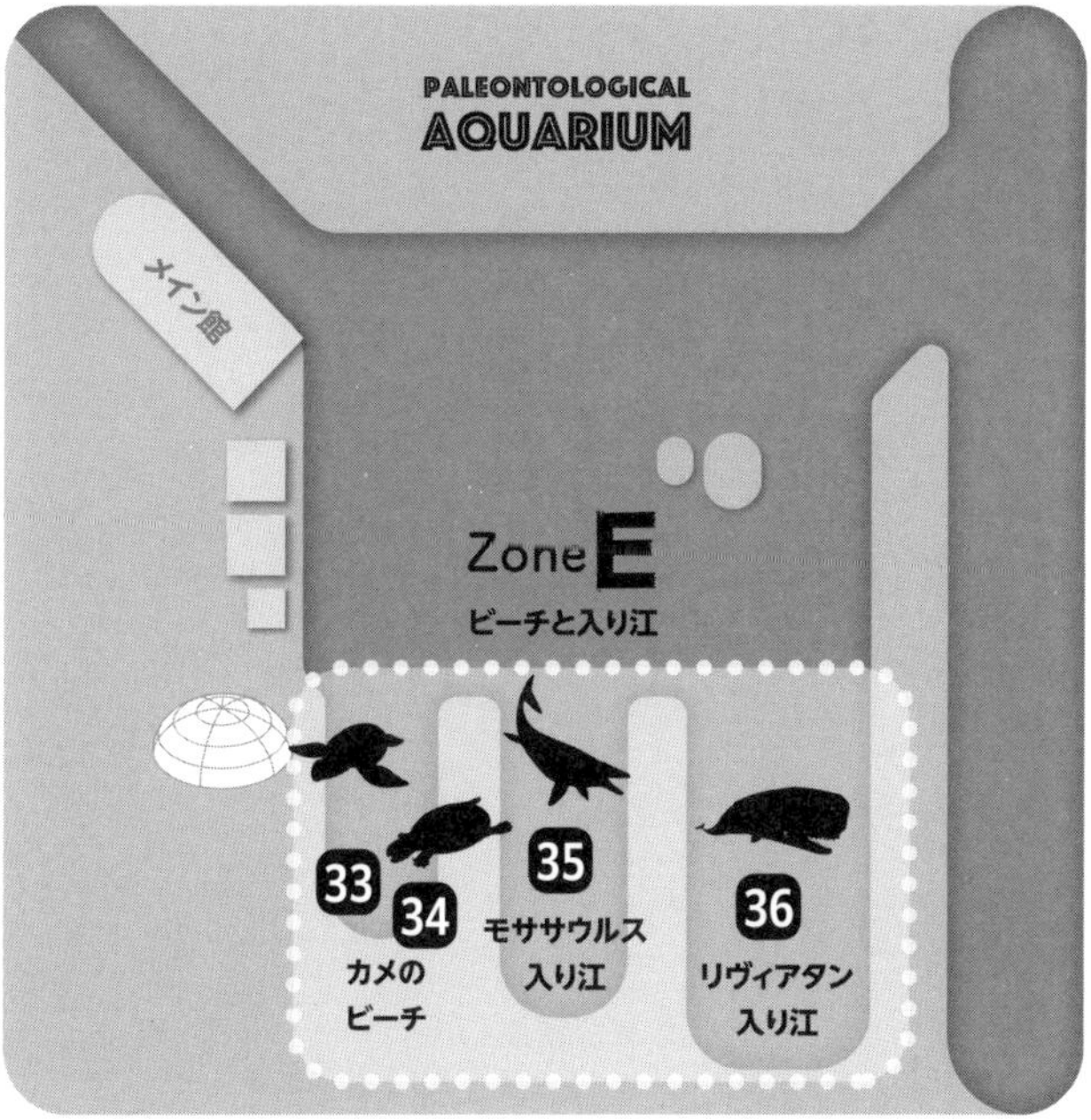

専用ビーチで、巨大ガメを

古生物監修

園田哲平
福井県立恐竜博物館

アーケロン

巨大ガメの代名詞、アーケロン。その飼育には、専用ビーチが一つ、必要になる。

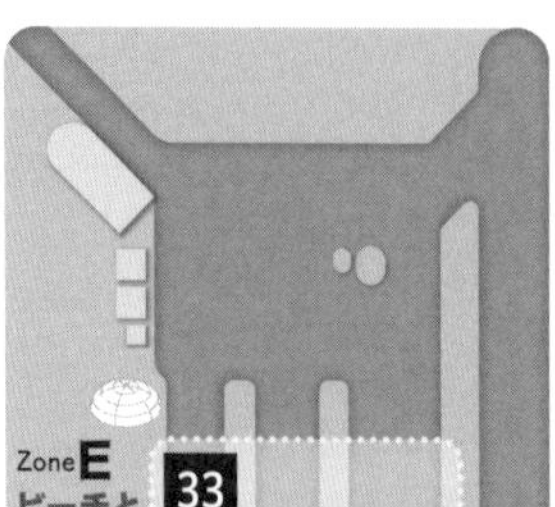

学名：*Archelon*
分類：カメ類
本来の生息時代：中生代白亜紀
古生物保護条約カテゴリー「ー」

タイヤに乗せて運び込む

「大きなカメが、浜でぐったりしてる!」

そんな通報を受けて、国際自然史保護連合(IUCN)指定の水族館職員が駆けつけたところ、そこにいたのは、「アーケロン」だった(※1)。

アーケロンは、全長4メートル前後にまで成長する〝超大型のウミガメ〟だ(※2)。ここにいるのは、その亜成体なのかもしれない。サイズは、最大値の3分の1ほどの大きさである。

そもそもアーケロンは、外洋を泳ぐのは苦手といわれている(※3)。そのアーケロンが日本の浜辺にたどり着いた、ということは、よほどの理由があるのかもしれない。

いずれにしろ、保護をしなければ。

最大サイズの3分の1とはいえ、かなりの重量である。重機でロープを吊り下げて、専用車両に置いたタイヤの上にアーケロンを乗せる。ひれを浮かせることで、アーケロンの移動を封じるのだ。

そして、もちろん安全運転で、水族館へと運び込む。

まずは、検疫施設で

こんなこともあろうかと!

この水族館には、保護用ビーチが用意されている。傾斜の緩い崖が左右にある入り江を整備したもので、入り江の入口には、チタン製チェーンのネットが張られている(※4)。

このビーチの一角には、検疫用の屋内施設がある。施設の中には、可動床のある直径8メートルの検疫用プール。ここで可能なかぎりの検診をおこなう。

検疫施設からは、幅7・5メートルほどの水路が海へとのびている。検疫を終えたアーケロンは、この水路を通って、入り江へと放たれる。

桟橋を利用して、えさやりと見学を

ビーチの一角には桟橋があり、入り江の半ば、水深の深い場所までのびている。

来場者は、ここから発着する半潜水式の船で、入り江を泳ぐアーケロンを見学する。1週間に数度の頻度で、ダイビングによる観察も許可されている。

アーケロンの保護用ビーチは、「こんなこともあろうかと!」と事前に用意していた施設です。IUCNHの指定水族館には、こうした事前に用意していた施設がいくつもあります(現在も建設中です)。

栈橋は、えさやりにも利用。スタッフが水面を軽く叩くと、アーケロンが桟橋近くへとやってくる。えさは、解凍したサケ、ブリを中心に、1匹丸ごと放り込む。イカやカニも好むようだ。

水面を軽く叩く「コーリング」は、健康診断時にも用いられる。1年に1度、桟橋ではなく、検疫施設からのびる通路でコーリングをおこない、検疫施設へと誘導する。

近年、とくに注意されているのは、プラスチックの誤飲だ。現生種、〝化石種〟ともに深刻な問題となっている。入り江と外洋はチェーンのネットがあるだけなので、プラスチックが流れ込まないとも限らない。不調がみられるようであれば、麻酔をかけて、内視鏡を使った回収をおこない、内視鏡で回収できないサイズや、腸管まで異物が移行してしまっている場合などは、外科手術で誤飲物を取り除く。

本来、アーケロンは単独で回遊するカメだけれども、その性格はさほど凶暴ではない（※5）。今、この水族館にいるアーケロンは1頭だけだけれども、IUCNHは2〜3頭の飼育を依頼する可能性も示唆している。

もしも、その飼育によって、雌雄のつがいができるならば、ビーチを使った産卵も見ることができるかもしれない。もしも、アーケロンがビーチで産卵をするようになったとしたら、この水族館では、「アーケロンの産卵見学ツアー」をおこなう予定であるという。その際、ツアー参加者は事前予約で、人数をかなり絞り込むことになるそうだ。気になる方は、頻繁にウェブサイトの「今日のアーケロン」のコーナーをチェックするのがよいだろう。もっとも、このツアーが開催されるのは本当にまれなので、参加するには「かなりの運」が必要である。

なお、アーケロンの成長は、カメ類としては速い。幼いアーケロンを見たければ、早期の訪問がよいだろう（※6）。こちらの情報もウェブサイトを要チェックだ。もっとも、〝子どものアーケロン〟を見ることができる期間は混雑が予想されるので、注意されたい。

保護されたアーケロンは、屋内の
検疫用プールでさまざまな検査が
おこなわれます。

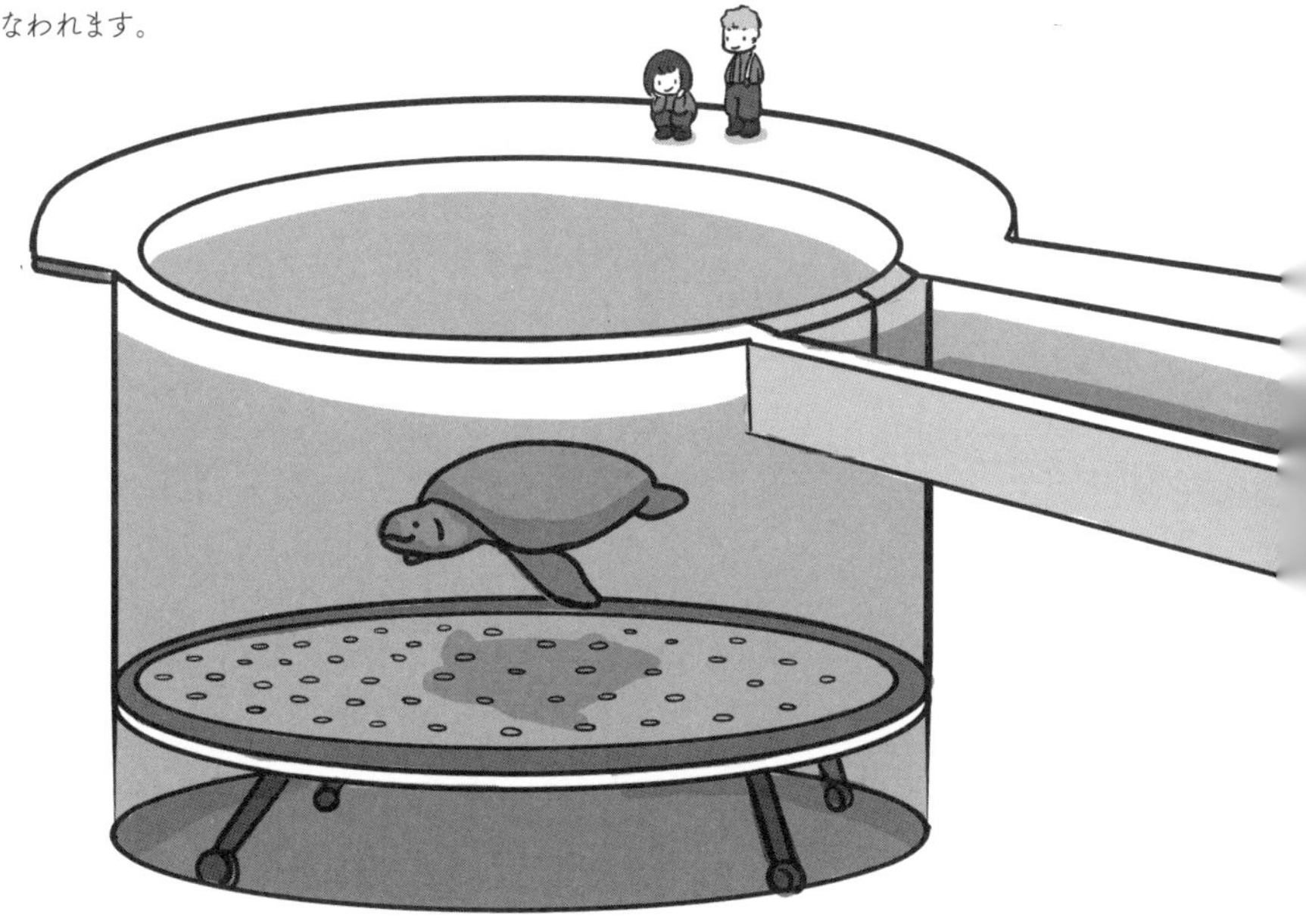

河川断面水槽で巨大ガメ

ストゥペンデミス

古生物監修
薗田哲平
福井県立恐竜博物館

「巨大ガメ」は、なにもアーケロンの専売特許じゃない。淡水にも、「巨大ガメ」が〝出現〟している。

この水族館では、プロジェクションマッピングも利用した最新式の河川断面水槽を用意している。

学名：*Stupendemys*
分類：カメ類
本来の生息時代：新生代新第三紀
　　　　　　　　中新世〜鮮新世
古生物保護条約カテゴリー「一」
アーケロンと並ぶ、「超大型のカメ」です。

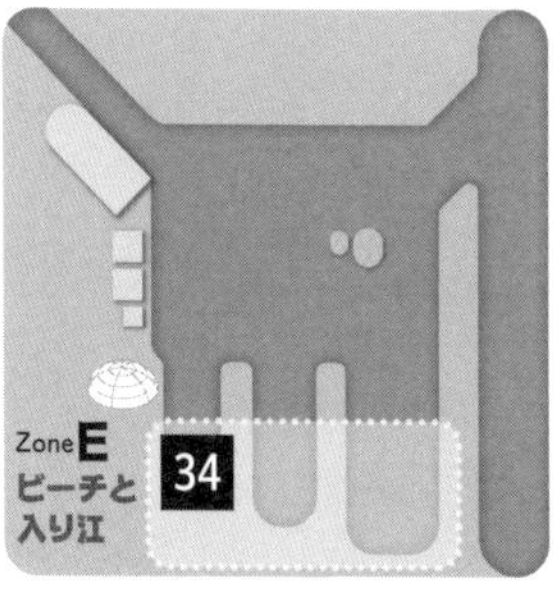

巨大淡水カメ専用水槽

巨大なウミガメ――「アーケロン」に続き、国際自然史保護連合（ＩＵＣＮＨ）から、「ストゥペンデミス」の飼育も任されることになった（※1）。

ストゥペンデミスもまた、巨大なカメだ。その甲長は2・4メートルに達し（※2）、体重は1トン以上。カメ類の中でも、「曲頸類《きょくけいるい》」というグループに属し（※3）、「巨大であること」以外に、「首が長いこと」も特徴とする。もっともこのグループには「首が短いタイプ」も存在し、ストゥペンデミスはこのタイプにあたる。

同じ「巨大ガメ」ではあるけれども、ストゥペンデミスは淡水棲だ。河岸で甲羅干ししているところを保護されて、専用水槽で水族館まで運ばれてきた。

アーケロンが放たれているビーチの近くに、ストゥペンデミス専用の施設が建設された。

その施設に入って正面にあるのは、巨大な「河川断面水槽」だ。

その幅は24メートル、高さは11メートル、そして、奥行きは8メートルに達する。

手前はアクリルガラスの壁になっており、水槽の右3分の2は河川断面、左3分の1は河岸断面となっている。河川は右にいくほど深くなり、最深部の深さは3メートルに達する。河岸には、擬植栽があり、床材には爪とぎができるくらいのかたさに調整された人工材が使われている。

水面から高さ5メートルのところにスタッフ用のキャットウォークがあり、天井は開閉式だ。

水槽に入っている水は、ブラックウォーターで濁らせている（※4）。ストゥペンデミス1頭のほかに、十数匹のフナも泳ぐ。

奥の壁には、プロジェクションマッピングで、森林の映像が投影される。

来場者側の通路は3層式。最も低い通路は河底と同レベル。その上に、河岸と同レベル。そして、スタッフ用キャットウォークと同レベルで用意されている。

スタッフ用は、おもに給餌用。3日に1度くらいの割合で、マスやコイなどの大型魚といくつかの果物が投げ入れられる。

閉館後には、水を抜いて清掃を

ストゥペンデミスは、糞の対策として、フナを飼育しているけれども、たまには水槽の掃除が必要になる。

水槽の左の壁にある扉は、予備水槽のある部屋へとつながっている。その水槽は直径8メートルの可動床式。たまにおこなう掃除の際には、コーリングによって、この予備水槽に誘導し、展示水槽の水を抜く。フナを一時的に小さな水槽へ移し、展示水槽の苔などの掃除をおこなうのだ。

一方、予備水槽に移ったストゥペンデミスは、1年に1度の割合で健康診断も実施する。警戒されているのは、ミズカビ病、中耳炎、ハーダー氏腺炎などだ（※5）。

掃除が終わった展示水槽には再びブラックウォーターが入れられ、フナも戻される。その後、ストゥペンデミスにコーリングをおこなって、展示水槽へと移動させる。

手間もコストもかかるストゥペンデミスだけれども、同じく巨大カメのアーケロンとともに見ることができる施設は、そう多くない。

そのため、カメ好きを中心に、人気の施設となっている。

水槽の水は、“出現場所”の環境に似せてブラックウォーターで濁らせています。ストゥペンデミスが息つぎするときはダイナミック！　お見逃しなく！　鼻のしぶきがかかることがあります。ご注意ください。

恐竜時代の海の覇者

モササウルス

古生物監修

小西卓哉

シンシナティ大学

かつて、白亜紀の海には、「モササウルス」という超弩級サイズの海棲動物がいた。その〝出現〟への対策は、沿岸各国にとって喫緊の課題となっている。

湾内施設をもつこの水族館では、万全の安全対策のもとに、その飼育と観察が進められている。

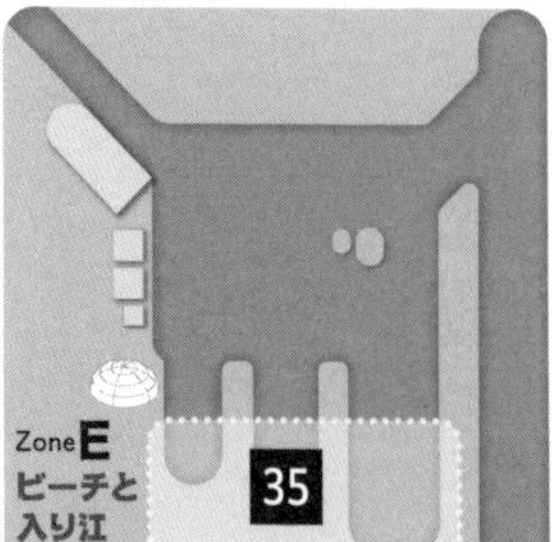

学名：*Mosasaurus*
分類：モササウルス類
本来の生息時代：中生代白亜紀
古生物保護条約カテゴリー「B」
モササウルス類を代表する古生物です。

しっかりと封鎖して

入り組んだ地形を利用して、この水族館には合計3カ所の湾内飼育施設が整備されている。奥行き300メートル、幅100メートルの入り江（※1）を利用したモササウルスエリアも、その一つ。

コンクリート製の防波堤と高く厚く積まれた消波ブロック（※2）で区切られたこのエリアで飼育されているのは、エリア名が示すように、モササウルス（※3）だ。

モササウルスは、全長10メートル超級の大型の海棲爬虫類。大きなあご、長い胴体、左右2枚ずつ、合計4枚のひれ、そして尾びれをもつ。その印象は「四肢がひれ化し、尾びれを備えた巨大なトカゲ」だ（※4）。恐竜時代の最末期に出現し、海洋生態系の頂点に君臨し、鳥類以外の恐竜類とともに姿を消した海棲爬虫類である。

そんなモササウルスを、この水族館では合計6頭保護している。つがいとみられる13メートルサイズが2頭、その子とみられる、6〜7メートル級が4頭だ。

国際自然史保護連合（IUCNH）が「人間に危害を及ぼす可能性があるため、〝出現〟を確認後、早急なる捕獲が必要」として「カテゴリーB」に指定するこの古生物は、キケンもキケン。超弩級の危険動物である。小さな漁船であれば容易に転覆させ、船員を襲うこともある。海域によっては、既存の海洋生態系へ、深刻な影響も与えている。

当初の〝出現海域〟は大西洋だったとみられるものの、近年では日本近海でもその姿が確認されるようになってきた。この水族館で飼育している個体は、小笠原諸島沖で泳いでいた小規模な群れを旅客船が発見し、その通報を受けたIUCNH日本事務局の依頼によって海上自衛隊の護衛艦がこの湾奥の入り江まで追い込んだ。

その後、護衛艦が入り江の入口で見張るなか、まず、ステンレス製の網でコンクリート製の防波堤の間を封鎖し、その網の外側に消波ブロックが積まれた。現在では、ステンレスの網は撤去されている（※5）。

観覧場所は、入り江の南岸にある崖上に設置されている。そこは屋根付きの展望台で、来場者はその場所よりも入り江に近づくことはできない。なにしろ、「カテゴリーB」である。安全には万全を期す必要があるのだ。

電子機器で健康管理

来場者どころか、飼育員・獣医師も簡単に近寄らないようにしている。

　日々のえさは、クレーンを使って湾内へと落とす。えさは、凍らせたサケ、ブリ、マグロ、アイナメ、サメ類などにビタミン剤を埋め込んで（※6）。量は、1日あたり200～300キログラム（※7）。これを3～5回に分ける。残ったえさの量などを見ながら、量と回数は調整している（※8）。

　海底と両岸には多数のカメラが設置され、常時観測と録画がおこなわれている。遊泳の速度や、方向、ターンの回数などを中心にその行動が記録され、人工知能（ＡＩ）による解析がなされる。これによって、モササウルスの日常パターンがわかる。体重の変化を推測することもできる。そして、日常パターンや体重に大きな変化が出たら、なんらかの異常が出たと判断する（※9）。この際、繁殖の兆候が確認された場合は、ＩＵＣＮＨの判断を仰ぐことになっている。繁殖をさせるべきか、それとも、「カテゴリーＢ」の増加を防ぐべきか、議論があるところだ（※10）。

　なお、そのほかの異常がありそうなときは、モササウルス用に開発された小型のカメラをえさに仕込んで飲ませ、自動で撮影。排泄後にカメラを回収することで、消化系の検査をおこなうことになっている。

解明を急ぐ

カテゴリーＢであるモササウルスの生態解明は、急務となっている。もとより、〝出現〟したすべての個体を捕獲できるとは、ＩＵＣＮＨも考えていない。

　モササウルスの行動パターン、好みとするえさ、苦手なえさ、繁殖能力など、さまざまな情報を集めることは、古生物の〝出現〟が本格化してからの喫緊の課題だ。水産業や運送業などからの要請もあり、日本でも多額の予算が投じられ、多くの研究者が水族館に配備されている。

　そんな〝世界の最前線〟を、ぜひ、あなたも体感されたい。

えさは遠隔操作で与える。
もちろん、安全のためだ。

一風変わったマッコウクジラ

リヴィアタン

古生物監修
田中嘉寛
大阪市立自然史博物館

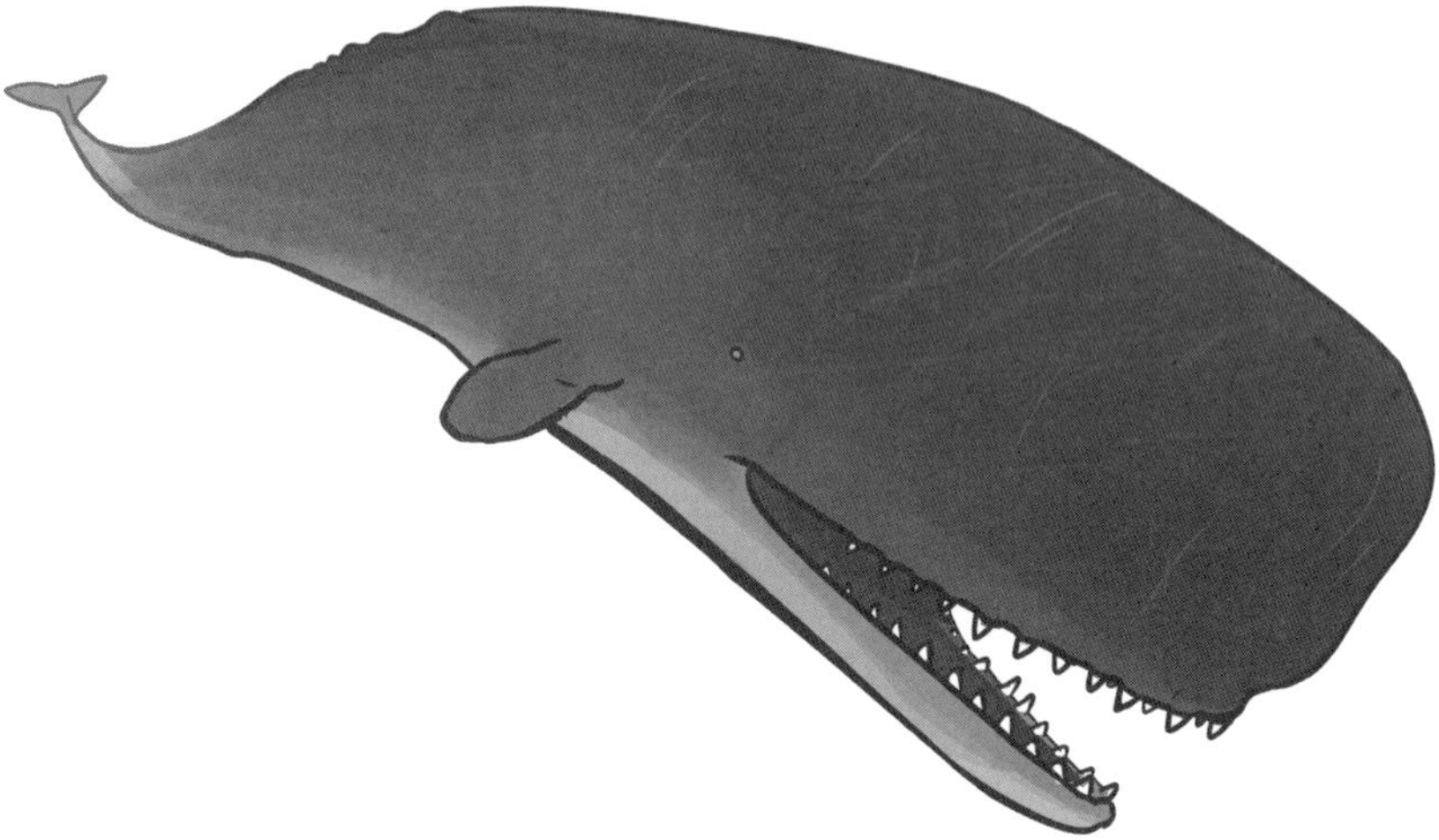

全長17メートル。一見すると、マッコウクジラとよく似た姿のリヴィアタン。

〝出現〟以降、リヴィアタンによるヒゲクジラ類への襲撃が確認され、その対処は世界で急務となっている。この水族館でも、湾内飼育施設を利用して、その研究を展開中だ。

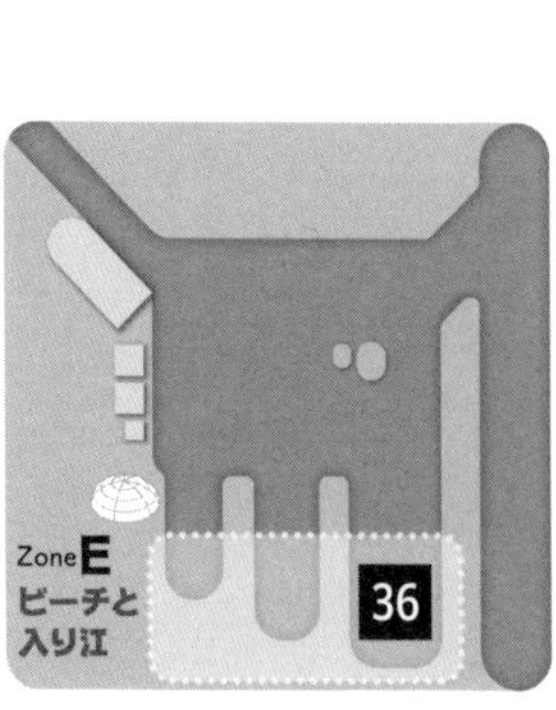

学名：*Livyatan*
分類：マッコウクジラ類
本来の生息時代：新生代新第三紀中新世
古生物保護条約カテゴリー「議論中」

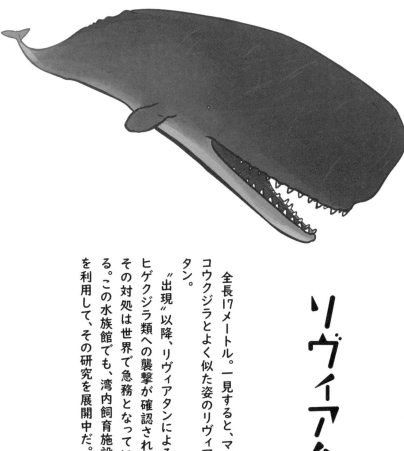

稼働式桟橋で封じ込め

この水族館が管理する入り江の中で最も広いリヴィアタン・エリア。その広さは、奥行き400メートル、幅200メートルもある。

リヴィアタン（※1）は、全長17メートルほどにまで成長する大型のハクジラ類だ。マッコウクジラの仲間で、マッコウクジラとよく似た姿をしている。ただし、マッコウクジラとちがって上あごにも歯があり、深海まではもぐらない（※2）。一方で、マッコウクジラと同じように群れをつくって行動する。

リヴィアタンの〝出現〟以降、問題になっているのは、その習性だ。なにしろこの大型のハクジラ類は、ヒゲクジラ類を狩る（※3）。厳密な調査がおこなわれたわけではないが、ヒゲクジラ類への影響は必至とされる。しかし、その生態に関してはほとんど情報がなく、どのようにすれば、リヴィアタンとヒゲクジラ類の共生が可能なのか、手がかりがない。

そこで、国際自然史保護連合（ＩＵＣＮＨ）は、リヴィアタンが確認された太平洋沿岸各国に、リヴィアタンの保護と飼育、そして研究を要請している。カテゴリーは定まっていない。まだ数は少ないものの、日本近海でもリヴィアタンの出現が確認されたため、海上自衛隊の護衛艦によって、この水族館の管理する専用エリアへと大小5頭のリヴィアタンを追い込んだ。なお、追い込みにあたっては、クジラ類が忌避する音波が使われた。

リヴィアタン・エリアとしてつくられた入り江の入口は、下部に3重の網が海底までぶら下がる桟橋によって入り江の外と区切られている。この桟橋の一部はバラストの調整によって最大10メートルまで沈む。この機構を使って、リヴィアタンを入り江に入れ、そして封じ込めている。

入り江内には、同様の機構を備えた沈降型の桟橋が2カ所に設置されている。こちらは普段は沈められているが、リヴィアタンの群れの中に隔離が必要な個体が確認された場合などに、湾を区切る目的で用いられることになっている。

注意しつつ、トレーニング

沈降部以外の桟橋は水上2階建・水中1階建構造で、来場者は2階部分を歩くことができる。2階は基本的には開放構造となっており、来場者は入り江を見渡して、リ

桟橋から入り江の全
景を見渡すことができ
ます。リヴィアタンを
探してみてください。

ヴィアタンを探すわけだ。

1階部分には、研究室や飼育区画、医療区画が並んでいる。飼育区画には頑丈な鉄柵が並び、飼育員はこの鉄柵越しにえさを与える。万全の安全を期して、給餌は必ず複数名で。スペースには救命浮き輪や救命ボートなども備え付けられているほか、水中にはクジラ類の嫌がる音を出すスピーカーも備えられている。万が一、飼育員が水中に落ちた場合には、このスピーカーから音を出してリヴィアタンが離れた隙に、ボートや浮き輪で救助にあたる。

飼育区画の隣の医療区画は、鉄柵なしで開放されている。飼育区画でおこなわれたトレーニングによって、この医療区画にリヴィアタンは尾びれを陸に上げるよう教えられている。獣医師は、その尾びれから採血をおこなうのだ。もちろん、こちらにも救命浮き輪や救命ボート、スピーカーが用意されている。なお、この飼育区画には一定の広さがあり、幼体はランディングをさせて、触診などをおこなうことも可能だ。

えさは、1日に体重の1~3・5パーセントが目安として与えられる。馬肉や鶏肉がメインで、健康状態をみながらサプリメントも加える。


栈橋の1階は基本的に一般開放はされていないけれども、2階から水中階へと続く直通階段はいくつか設置されている。その階段の途上で、ガラス越しに、研究室や飼育区画、医療区画のようすを見ることも可能だ。

水中階は、大きなアクリルガラスの観察室。スタッフも来場者も、いっしょになって入り江のようすを見ることができる。

人気は、やはり給餌タイムだ。定刻になると、水中スピーカーから忌避用とは別の音波が発せられ、リヴィアタンたちが寄ってくる。このときの給餌と、尾びれのトレーニングを2階と水中階から見ることができる。この水族館の見どころの一つだ。なお、水中階のアクリルガラスは、定期的にコケや付着物を取り除く清掃が必要だ。その際には、リヴィアタンは入り江奥の稼働栈橋で隔離される。

採血の光景。獣医師のほかにも、数人のスタッフが同行し、安全を確認しながら作業をおこなう。

古生物水族館

ようこそ！　バックヤードツアーへ

ここでは本編の注釈をまとめています。
動物たちのことをもっと深く知りたいそこのあなた。
ここから水族館の“裏側”に潜入してみませんか？

メガロドン　*Otodus megalodon*

1　メガロドン

本書で扱っているほかの古生物とは異なり、「メガロドン」は種小名である（ほかは、属名を表記している）。これは、「メガロドン」の属名が定まっていないことによる。

メガロドンの属名は、研究者によって「カルカロドン（*Carcharodon*）」「カルカロクレス（*Carcharocles*）」「オトダス（*Otodus*）」などと採用が異なる。日本では、伝統的に「カルカロドン」を採用し、「カルカロドン・メガロドン（*Carcharodon megalodon*）」とする場合が多いが、近年に発表される学術論文では「オトダス・メガロドン（*Otodus megalodon*）」とすることが多くなってきた。

“史実”では、新生代新第三紀の中新世の半ばから、鮮新世の半ば（約1590万年前〜約350万年前）にかけて生息していた。その化石は、南極大陸をのぞくすべての大陸の沿岸域周辺から発見されている。日本でもメガロドンの化石は多産する。古生物監修の城西大学大石化石ギャラリーの宮田真也が挙げたモデル生物は、ホホジロザメ、ネズミザメ、アオザメ。

2　全長15〜16メートル

メガロドンの全身化石は発見されておらず、その全長値に関しては議論が続いている。今回は、2019年から2020年にかけて発表された研究を参考にした。

3　噛む力は、ホホジロザメの約6倍

2008年に、ニューサウルスウェールズ大学（オーストラリア）のS・ローたちが発表した研究による。ローたちは、メガロドンの体重を47・95トンと仮定して、そのあごの力を10万1514ニュートンと算出した。同じ方法で算出されたホホジロザメのあごの力は、1万8216ニュートンなので、単純計算で約6倍となる。

4　食用とされることが少なくない

「メガロドンのフカヒレ料理」なるものを、拙著の『古生物食堂』（技術評論社）に収録している。参考にされたい。

5　「TI」とよばれる方法

正式には、「Tonic Immobility（持続性不動状態）」という。今回は、メガロドンがストレスにある程度の耐性があり、TIが有効であると仮定している。

6　酸素を十分に含んだ水を口に向かって流し込みながら運ぶ

宮田は、メガロドンが「泳ぎ続けないと死んでしまう」可能性に言及した。これを受けて、水族館監修の伊東隆臣は、メガロドンを鎮静化させている場合でも、酸素供給が不可欠であると判断している。

7　専用の機械によって、尾を動かし続け

遊泳種は、尾の付け根を動かすことで、その筋肉が心臓のような役割を果たし、尾への血液循環を補助しているという。

8　檻の中にダイバーが入って

実際に、沖縄美ら海水族館のサメ類の水槽掃除で採用されている方法。

9　えさは、馬肉を中心に、豚肉、牛肉など

メガロドンが襲ったとみられる海棲哺乳類の化石が発見されているため、今回は、えさを哺乳類としている。

10　触れての診断治療は、事実上不可能

「メガロドンの採血は頼まれても断ります」とは、本書制作にあたっての伊東の至言。

ヘリコプリオン　*Helicoprion*

1　ヘリコプリオン

〝史実〟では、古生代ペルム紀（約2億9900万年前～約2億5200万年前）に世界各地の海で栄えた。アメリカを中心に化石が発見されており、日本でも宮城県と群馬県から化石の報告がある。古生物監修の城西大学大石化石ギャラリーの宮田真也が挙げたモデル生物は、ギンザメとハモ。

2　研究者を悩ませたこの化石

かつての研究者は、背びれや尾びれの一部と考えたこともあったようだ。

3　軟骨魚類

より正確には、軟骨魚類の中でも全頭類（ギンザメの仲間）である可能性が指摘されている。

4　長さ30メートル、高さ10メートル、奥行き20メートルほど

水族館監修の伊東隆臣が算出した水槽の大きさは、1尾あたり3000トン。本文中では1尾しか飼育していないけれども、水槽は2尾の飼育を想定した。

5　アンモナイトやミズダコ

実際のところ、ヘリコプリオンが何を食べていたのかに関して、証拠となる化石は発見されていない。

6　殻からミズダコを器用に引き出して食べる

2020年にアイダホ州立自然史博物館（アメリカ）のレイフ・タパニラたちが発表した研究による。謎とされていたヘリコプリオンの歯の役割について、タパニラたちはコンピューターモデルを用いて分析し、その結果、本文中で言及したように、殻から軟体部を引き出すことに役立っていた可能性が指摘された。

アクモニスティオン　*Akmonistion*

1　アクモニスティオン

〝史実〟では、石炭紀のイギリスにあった水域に棲息していた。古生物監修の沖縄美ら島財団総合研究所の冨田武照が挙げたモデル生物は、2歳くらいのオオメジロザメの仲間。

2　上面の面積の5分の4ほどに強化ガラス

強化ガラスと水の間に空気を入れないことで、イメージとしては「大きな箱メガネ」となり、水中を観察しやすくする。

3　強化ガラスが張られていない場所

上面の全面が強化ガラス化されていない理由は、側面窓からののぞき防止と、本文でも言及している採餌や掃除などのための出入り口を確保するため。

4　オス特有の独特の背びれ

軟骨魚類のクラスパーと陸上動物のペニスの関係に興味をもたれた方は、拙著『恋する化石』（ブックマン社）をどうぞ。

ファルカトゥス *Falcatus*

1　2面がアクリルガラスとなっている

水族館監修の伊東隆臣の提案による。繁殖時の刺激を弱めるために、アクリルガラス面を限定している。

2　水槽も、水槽の前の通路も、少し照明が暗い

「眼が大きいので、光が届きにくい場所に生息していた可能性があるかもしれない。それならば……」という伊東の提案による。

3　ファルカトゥス

〝史実〟では、石炭紀のアメリカにあった亜熱帯の水域に棲息していた。古生物監修の沖縄美ら島財団総合研究所の冨田武照が挙げたモデル生物は、アジの仲間。

4　「性的二型」がある

オスとメスで体の色や形が大きく異なることを性的二型という。興味をもたれた方は、拙著『恋する化石』（ブックマン社）をどうぞ。

5　突起を使ってオスがメスを逃さないようにしていた

現生種を参考にした伊東の指摘による。ギンザメのような生態だった場合、その可能性があるという。

6　「レック」とよばれる集団求愛場をもっていた可能性

1985年に、アデルフィ大学（アメリカ）のリチャード・ルンドが発表した論文による。ファルカトゥスの化石が多産しているベア・ガルチ石灰岩層では、発見されているファルカトゥスの数の雌雄差が大きかった。そのため、繁殖期にオスが集う「レック」があったのではないか、と指摘された。

メトリオリンクス *Metriorhynchus*

1　ケルプの偽草

水族館監修の伊藤隆臣によると、生きた水草はいつの間にかどこかへ流れていってしまうため、一般的には偽草を用いるという。ただし、とっても高価！

2　メトリオリンクス

〝史実〟では、中生代ジュラ紀の中期から後期（約1億5200万年前〜約1億6600万年前）のヨーロッパを中心に生息していた。古生物監修を担当した岡山理科大学の林昭次が挙げたモデル生物は、水棲適応したワニ。

3　ワニの仲間

厳密にいえば、メトリオリンクスは、ワニ類そのものではなく、その親戚のような存在と位置づけられている。

4　背中の鱗板骨もない

鱗板骨がないことで防御力が低下しているものの、かわりに体の柔軟性は増している。

5　海棲のワニの仲間

ジュラ紀当時、メトリオリンクス以外にもいくつかの「水棲適応したワニ」がいたことがわかっている。ご興味をおもちの方は、拙著『地球生命　水際の興亡史』（技術評論社刊）をどうぞ。

6　繁殖期

ちなみに、2017年にラ・プラタ大学（アルゼンチン）のヤニナ・エレラたちが発表した研究によると、メトリオリンクスの仲間たちは、その骨格の特徴から胎生である可能性が高いという。

ショニサウルス　*Shonisaurus*

1　ショニサウルス

〝史実〟では、中生代三畳紀後期（約2億3700万年前〜約2億1000万年前）のアメリカとヨーロッパの海に生息していた。古生物監修を担当した岡山理科大学の林昭次が挙げたモデル生物は、大型のハクジラ類。

2　母子の関係にある

ショニサウルスの母子の化石が発見されているわけではないが、同じ魚竜類には胎児を抱えた化石、出産直後とみられる化石が発見されている。そうした化石から示唆されるのは、「少数を産んで大切に育てる」という繁殖戦略だ。今回は、この戦略をショニサウルスも採用していたと仮定して、本文を綴った。

3　全長10メートルを超える

ショニサウルスの全長値については、複数の仮説が存在する。完全な化石が確認されていないためで、今回は林と相談の上、成体で全長15メートル前後とした。

4　サケ、サバ、ホッケ、シシャモ、スルメイカなど

ショニサウルスは、成長にともなって歯が消失し、成体はプランクトン食だったのではないか、という指摘がある。一方、2011年には、ボン大学（ドイツ）のP・マーティン・サンダーたちによって、「歯がないのは、化石の保存が悪いからではないか」とする指摘もなされており、結論は出ていない。今回は、後者の仮説を採用した。

ペゾシーレン　*Pezosiren*

1　ペゾシーレン

〝史実〟では、約4780万年前〜約4130万年の新生代古第三紀始新世の半ばのジャマイカの海に生息していた。古生物監修を担当した大阪市立自然史博物館の田中嘉寛が挙げた本種のモデル生物は、胴長になったコビトカバ。

2　その水はやや温かい

ペゾシーレンは、暖かく浅い海岸に生息していたと考えられている。

3　大型の濾過装置
もしもペゾシーレンが、田中がモデルとして挙げたコビトカバと同じような便（うんち）を出すとしたら、その便には食物繊維が多い可能性がある。この食物繊維は水を濁らせるため、大型の濾過装置を導入するとした。

4　母1頭、子1頭のペアをつくるペゾシーレンが、合計3組
ペゾシーレンが実際に母子で小規模な群れを組んでいたかどうかは定かではない。しかし、現生のカイギュウ類などを参考に、少なくとも子が幼いときは母子はペアで行動することが多かったのではないか、と田中は指摘している。

5　給餌体験ができるコーナー
給餌体験は、水族館監修の伊東隆臣によるアイデア。実際におこなわれているカバの給餌体験を参考にしている。

6　海藻などが与えられる
〝史実〟におけるペゾシーレンの食料は不明。しかし、おそらく海藻や海草が主体だったのではないか、と田中は指摘する。

7　白内障や足裏の皮膚炎など
カバにおける代表的な疾病。

ステラーカイギュウ *Hydrodamalis gigas*

1　ステラーカイギュウ
〝史実〟では、第四紀更新世（約258万年前〜約1万年前）に出現し、1768年までに滅んでいる。古生物監修を担当した大阪市立自然史博物館の田中嘉寛が挙げた本種のモデル生物は、ジュゴンやマナティー。

2　8メートルという巨体
ハイドロダマリス属は、基本的に大型種ばかりである。

3　なによりも〝おひとよし〟
こうした生態は、『カムチャツカ発見とベーリング海峡』（著　ステラー）や『カムチャツカからアメリカへの旅』（著　エリ・エス・ベルク）などの書籍に残されている。

4　水はやや冷たい
大型のカイギュウ類は、北方海域に生息していた。

5　それぞれプールの底に沈める
この給餌方法は、実際にジュゴンの飼育などで採用されている。

フォスフォロサウルス *Phosphorosaurus*

1　奥行き10メートル
奥行きが10メートルしかない理由は、暗い水槽でそれ以上の奥行きをつけると、観覧通路から見学しにくくなるため。

2　フォスフォロサウルス
ここでは、とくに「フォスフォロサウルス・ポンペテレガンス（*Phosphorosaurus ponpetelegans*）」を対象としている。〝史実〟では、中生代白亜紀末期（約7200万年前）の北海道に生息していた。古生物監修を担当したシンシナティ大学の小西卓哉が挙げた本種のモデル生物は、上下方向に胴部をひねらないヒョウアザラシ。

3　真正面から見ると前を向いた両眼が確認できる
フォスフォロサウルス・ポンペテレガンスは、小西たちが2015年に報告した種である。

このとき、まれに見る保存状態のよい頭骨が記載された。この頭骨の分析により、フォスフォロサウルス・ポンペテレガンスは両眼視ができたことが、モササウルス類としてはじめて指摘されている。

4　モササウルス類としては珍しく夜行性

小西たちの2015年の研究で、両眼視をはじめとするフォスフォロサウルス・ポンペテレガンスの諸々の特徴は、夜行性向けであるとされている。

5　群れを保護した

フォスフォロサウルスの集団化石が発見されているわけではないが、今回は小西と相談の上、小規模な群れをつくっていた、と〝設定〟した。

6　えさは冷凍魚が中心

冷凍魚は、保管が容易であることに加え、入手が安定していたり、調理しやすかったりなどの利点があるという。

7　生きたニジマスを入れてようすを見る

こうした場合に使われるニジマスは、養殖のニジマス。寄生虫などの恐れがないことなどの利点があるという。

ワイマヌ *Waimanu*
インカヤク *Inkayacu*
パラエウディプテス *Palaeeudyptes*

1　ワイマヌ

〝史実〟では、新生代古第三紀暁新世の初頭（約6200万年前〜約6100万年前）のニュージーランドに生息していた〝最古のペンギン類〟。当時の気候は、全地球的に温暖であったため、水温も比較的温かかったとみられている。1つ目の水槽の水温がやや温かいのは、この見解を反映した設定のためだ。古生物監修を担当した足寄動物化石博物館の安藤達郎が挙げた本種のモデル生物は、ペンギンとウミウ、ウミガラス。なお、当初ワイマヌ属には大小の2種が報告されていた。今回、飼育の対象としたのは大型種である。小型種は、現在では「ムリワイマヌ（*Muriwaimanu*）」という別属に変更されている。

2　穏やかな気性のペンギン類

ワイマヌが生存していた当時、天敵や競争相手はいなかったとみられている。この点に注目し、安藤はワイマヌの気性は荒くなかったと推理した。

3　インカヤク

〝史実〟では、約3600万年前にあたる新生代古第三紀始新世後期のペルーに生息していた。この見解を、二つ目の水槽の水質に反映している。古生物監修を担当した足寄動物化石博物館の安藤達郎が挙げた本種のモデル生物は、ペンギンとウミガラスのハーフ。

4　インカヤクは、灰色と赤褐色

2010年にテキサス大学（アメリカ）のジュリア・A・クラークたちが発表した分析結果による。ただし、インカヤクの羽毛の色が指摘されているだけで、実際には、ほかの絶滅ペンギン類（ワイマヌなど）の色に関しては情報がない。当時のペンギン類がインカヤクのような色だった可能性もある。

5　濁った水を好む

クラークたちの色の分析結果から連想し、「この色でも目立たなかった」との仮定に基づいた設定。

6　ワイマヌよりは警戒心が強い

気性に関する具体的な証拠はないものの、当時はすでに競争相手であるクジラ類の台頭が進んでいた。安藤は、クジラ類との競争を意識して、インカヤクの「警戒心が高かった可能性」を指摘し、本書ではこれを採用した。

7　パラエウディプテス

種小名まで入れると「*Palaeeudyptes klekowskii*」となるため、日本では、「クレコウスキーペンギン」ともよばれる。〝史実〟では、約4000万年前の新生代古第三紀始新世後期の南極大陸に生息していた。当時の気候は、ワイマヌのいた時代よりも涼しくなっているものの、まだ南極大陸周辺には氷はなかったとみられている。また、現生のペンギン類と同じような〝体温維持システム〟をもっていたと考えられており、その分、深くまでもぐることができたとされる。これらの見解を、三つ目の水槽の水温と水深に反映した。古生物監修を担当した足寄動物化石博物館の安藤達郎が挙げた本種のモデル生物は、キングペンギンの大型版。

8　基本的におとなしい性格をしている

この時代は、クジラの海洋進出は始まっていたものの、まだ〝はじまり〟だったため、競争相手とはならなかった可能性が高いと安藤は指摘した。また、その巨体から天敵も少なかったと考えられ、性格はおとなしいと設定した。

9　えさの1日あたりの目安量

水族館監修の伊東隆臣によると、ペンギン類の餌量は、体重の2~3パーセントであるという。この数値をもとに計算した。

10　換羽期に入ったらえさの量を減らす

換羽期は水に入ってえさをとることができないので、自然界では自ずと採餌量が少なくなる。それにあわせて給餌の量も調整することになる。

アクセルロディクティス・ラボカティ　*Axelrodich*

1　「ラティメリア・カラムナエ」と「ラティメリア・メナドエンシス」

ラテン語の表記は、「*Latimeria chalumnae*」と「*Latimeria menadoensis*」。

2　アクセルロディクティス・ラボカティ

〝史実〟では、中生代白亜紀の半ば（約1億年前）のモロッコに生息していた。もともと「マウソニア・ラボカティ（*Mawsonia lavocati*）」とよばれていたが、2018年にリオデジャネイロ州立大学（ブラジル）のレオ・ガルバォン・カルニエ・フラゴソたちが発表した研究によってアクセルロディクティス属に変更された。古生物監修の城西大学大石化石ギャラリーの宮田真也が挙げたモデル生物は、本文中でも紹介しているラティメリア。

3　5尾が運びこまれた

1991年に、マックスプランク行動生理学研究所（ドイツ）のハンス・フリックたちが発表した研究によると、現生種（ラティメリア）は、社会性があると考えられている。今回は、この指摘をアクセルロディクティス・ラボカティに採用し、複数尾の飼育の設定とした（実際に、アクセルロディクティス・ラボカティの集団化石が発見されているわけではない）。

4　最上層は、水面と来場者の目線があうように設置

宮田は、アクセルロディクティス・ラボカティが肺呼吸をしていた可能性を指摘した。これを受けて、水族館監修の伊東隆臣は、その呼吸の瞬間を観察できるよう、通路と水面の高さをそろえて設計した。

5　穏やかな気性をしている

あくまでも、現生種（ラティメリア）をもとにした設定である。

6　体表の粘液をサンプリングする

これにより、生理活性物質や細菌叢の分析ができるという。

フォレイア　*Foreyia*

1　フォレイア

〝史実〟では、約2億4000万年前（中生代三畳紀前期）のスイスに生息していた。当時のスイスは、暖かく浅い海の底にあった。古生物監修の城西大学大石化石ギャラリーの宮田真也が挙げたモデル生物は、ラティメリア、ブダイ、フグ。

2　アクセルロディクティス・ラボカティと比べる

アクセルロディクティス・ラボカティについては、60ページ参照。

3　地中海で捕獲される

この本では、「化石産地から近い、類似の環境」に古生物が〝出現〟すると設定している。現在のスイスは内陸であるため、〝出現海域〟を地中海と設定した。

4　クリーニングを受けることを好む

あくまでも、本書のための設定で、実際にフォレイアが「クリーナーフィッシュ」と共生していたかどうかは不明。なお、今回は口内だけの清掃としたが、実際のクリーナーフィッシュは、えら蓋内や体表の清掃もおこなうため、フォレイアも歯ブラシで口内以外を清掃することもできるかもしれない。

メタプラセンチセラス　*Metaplacenticeras*
プテロプゾシア　*Pteropuzosia*
ニッポニテス　*Nipponites*

1　百匹近い大規模なアンモナイトの群れ

化石が密集して発見されることから連想した〝設定〟である。

2　メタプラセンチセラス

〝史実〟では、約8000万年前（中生代白亜紀後期）の日本やアメリカの海に生息していた。古生物監修の株式会社ジオラボの栗原憲一が挙げたモデル生物は、オウムガイ。

3　水流もある程度は強い水域に棲む

殻が平たいアンモナイトほど、水流の強い海域に生息していたという見方がある。

4　楕円形の水槽

水族館監修の伊東隆臣は、クラゲの水槽を参考にこの水槽を〝設計〟した。なお、より厳密に生息環境を再現するならば、水槽の底部に砂を敷く必要があるが、残餌の回収が大変になるなどの理由から、今回は水槽の底には何も敷いていない。

5　プテロプゾシア

〝史実〟では、約9000万年前（中生代白亜紀後期）の日本などに生息していた。栗原が挙げたモデル生物は、大きなオウムガイ。

6　イノセラムス

ラテン語の表記は、「*Inoceramus*」。白亜紀の海底で大繁栄した二枚貝類で、大小さまざまな種がいた。プテロプゾシアの生きていた海底には、「イノセラムス・ホベツエンシス（*Inoceramus hobetsuensis*）」とよばれる大型種がいた。本来の生息環境でいえば、水槽の底部は泥が望ましいが、残餌の回収のしやすさから砂を採用した。

7　ニッポニテス

この名には、「日本の化石」という意味がある。日本古生物学会のシンボルマークにも使われている〝有名種〟で、日本古生物学会は、ニッポニテスの学名が名づけられた10月15日を「化石の日」に定めている。〝史実〟では、プテロプゾシアと同時代の同海域に生息していた。プテロプゾシアと同一の水槽で飼育することも可能だが、大小の差があまりにも激しいために見学には適さない。そこで、円筒形の小さな水槽が用意された。栗原が挙げたモデル生物は、これもオウムガイ。

アノマロカリス *Anomalocaris*

1　アノマロカリス

今回は、その代表種である「アノマロカリス・カナデンシス（*A. canadensis*）」を対象としている。〝史実〟では、古生代カンブリア紀のカナダ西部に棲息していた。当時のカナダ西部は、光の届く水深数十メートルの浅い海の底にあった。古生物監修の熊本大学の田中源吾が挙げたモデル生物は、シャコ。

2　全長50センチメートルほど

アノマロカリス・カナデンシスの最大サイズに関しては諸説があり、（とくに近年は）定まっていない。今回は、田中と相談の上、50センチメートルという値を採用している。

3　アノマロカリスの復元

今回、復元したアノマロカリス・カナデンシスの姿は、２０１４年版に大英自然史博物館のアリソン・C・ダレイとブリストル大学（イギリス）のグレゴリー・D・エッジコムが発表した復元に基づいている。その後、アノマロカリス・カナデンシスの復元に関しては、２０１７年に中国科学院のハン・ツァンたちが、甲皮の形状は長軸を横方向に向けた楕円形であると指摘し、２０１９年にはトロント大学（カナダ）のJ・モイシウクと、ロイヤル・オンタリオ博物館（カナダ）のJ・B・カロンが新種のラディオドンタ類を報告した論文の中で、アノマロカリス・カナデンシスの甲皮は頭部上面だけではなく、頭部の側面にもあった可能性を示唆している。ただし、こうした指摘を検証して反映した全身の復元は、本書執筆時点までに学術論文では発表されていない。そこで本書では、田中と相談の上、現時点で学術論文で発表された〝最新の全身復元〟にあたる２０１４年を採用している。なお、２０１４年の復元に至るまでも紆余曲折があったことで知られており、そのあたりに興味をもたれた方は、ぜひ、拙著『アノマロカリス解体新書』（ブックマン社）をご一読されたし。

4　複眼の視界に来場者の姿を入れる

アノマロカリス・カナデンシスの複眼の化石については、個々のレンズがわかるほど良質のものは未発見である。ただし、近縁種のものとみられる良質の複眼化石はいくつか発見されている。そうした化石にもとづいて、

2020年にニューイングランド大学（オーストラリア）のジョン・R・パターソンたちが、アノマロカリス・カナデンシスの複眼には、2万4000個以上のレンズがあった可能性に言及している。その複眼の性能を遺憾なく発揮するためには、明るい水域が必要であるため、この水族館では、天井をガラス張りとした。

5　旋回するときはフィンを立てる

2018年にクイーンズ大学（カナダ）のK・A・シェパードたちが発表した研究に基づく描写。

6　週に2回

給餌の回数は、水族館監修の伊東隆臣による試算。

7　かたいものを噛み砕くことはできなかった

2023年にニューイングランド大学（オーストラリア）のラッセル・D・C・ビックネルたちが発表した論文など、複数の研究が、アノマロカリス・カナデンシスがかたい獲物を噛み砕くことができなかったことを指摘している。

8　明るい水槽があれば、ほかに特殊な設備を必要としない

背中にえらが並んでいるという構造から、アノマロカリス・カナデンシスは、常に泳いでいないとえらに酸素を取り込めず、呼吸ができなくなる可能性がある、と田中は指摘した。そのため、この水族館のアノマロカリス・カナデンシスは、常に泳いでいるという設定である。同じような生態をもつものとして、現生のマグロがいる。マグロのようなサカナを飼育する場合は、常に泳ぎ回ることができるようにドーナツ状の水槽などを用いることが多いが、アノマロカリス・カナデンシスの遊泳速度はマグロほどはなかったとみて、伊東は水槽そのものはシンプルな形状に設計した。

9　脱皮のタイミング

アノマロカリス・カナデンシスが、脱皮によって成長したという証拠は発見されていない。これは、本書だけの設定である。

10　水槽内を網で仕切る

アノマロカリス・カナデンシスの視力が一定以上であれば、網で仕切っても、その網にぶつかる可能性は低いと伊東はいう。

11　ウイルス、細菌、真菌、原虫疾患

いずれも、甲殻類の場合で気をつけるべき症例を参考にしている。

エーギロカシス *Aegirocassis*

1　エーギロカシス

〝史実〟では、古生代オルドビス紀のモロッコに棲息していた。当時のモロッコは、海の底にあった。古生物監修の熊本大学の田中源吾が挙げたモデル生物は、シロナガスクジラ（をぐっと小さくしたもの）。

2　大中小、20匹ほど

エーギロカシスの化石は、比較的多くの数がみつかっている。そこで、田中と相談し、ゆるやかな群れをつくるとした。

3　アノマロカリスとエーギロカシスに直接の祖先・子孫の関係はない

エーギロカシスは、ラディオドンタ類の中でも「フルディア類（科）」とよばれるグループに属している。フルディア類は、ラディオドンタ類随一の大所帯で、そして、グループとして〝長命〟でもあり、カンブリア紀からデボン紀までの命脈を保った。なお、ニューイングランド大学（オーストラリア）のルーディ・ルロシーオーブリルとオックスフォード大学（イギリス）のスティーブン・ペイツが2018年に発表した研究によると、フルディア類とアノマロカリス類は、ラディオドンタ類の共通祖先からそれぞれ個別に〝進化〟したと考えられている。

4　ふれあいコーナー
ラディオドンタ類の中でも、アノマロカリス・カナデンシスのような「狩人タイプ」は、ふれあいコーナーに向かない。触手に並ぶ鋭いトゲによって参加者がケガをしてしまう可能性があるためだ。

アサフス *Asaphus kowalewskii*
キクロピゲ *Cyclopyge*
ツリモンストラム *Tullimonstrum*

1　アサフス・コワレフスキー
研究者によっては、「ネオアサフス・コワレウスキー（*Neoasaphus kowalewskii*）」とする場合もある。「アサフス」の名前をもつ種の中では、最も知名度が高い。ただし、本文で言及しているような柄をもつアサフスは、「アサフス・コワレウスキー」だけなので、その意味では、けっして「典型的なアサフス」とはいえない。〝史実〟では、古生代オルドビス紀（約4億4900万年前～約4億4400万年前）のロシアやヨーロッパの海（当時、この地域は海底に沈んでいた）に生息していた。古生物監修の熊本大学の田中源吾が挙げたモデル生物は、カブトガニ。

2　塹壕のように水底を掘り込んで
ロシア科学アカデミーのA・ユ・イヴァンツォフが2003年に発表した論文によれば、まさしく眼の柄の深さに相当する〝塹壕〟が残された地層があるという。

3　寝るときには、この塹壕を掘って、そこで休んでいる
あくまでも本書における設定である。アサフス・コワレウスキーが、夜に〝塹壕〟を掘って退避していたという証拠があるわけではない。

4　キクロピゲ
〝史実〟では、オルドビス紀の世界各地の海に生息していた。古生物監修の田中が挙げたモデル生物は、オオギピンノ。

5　ツリモンストラム
「ターリーモンスター」のよび名で知られている。〝史実〟では、石炭紀後期（約3億2300万年前～約2億9900万年前）のアメリカに生息していた。化石がみつかるイリノイ州では、ツリモンストラムを「州の化石」に認定している。

6　不思議な生き物
ツリモンストラムを巡っては、「脊椎動物（無顎類）である」という説と、「所属不明」という説の論争が続いている。もともと1966年に報告されたときは、「所属不明」とされ、その体は「横に平たい体の動物」として復元された。しかし、2016年に、イェール大学（アメリカ）のヴィクトリア・E・C・マッコイたちによって、「ヤツメウナギのような無顎類である」という新説が発表され、円筒を縦に潰したような胴体で、その側面に鰓孔が並ぶ姿に復元された。この仮説を支持する研究も発表される一方で、ペンシルヴァニア州立大学（アメリカ）のローレン・サランたちが、マッコイたちの研究を否定する論文も発表している。議論は続いており、2020年にはマッコイたちによる再反論の論文も発表された。その後、2023年には国立科学博物館の三上智之たちによって、マッコイたちの挙げた〝脊椎動物の証拠〟を否定する論文が発表され、頭部に節構造があるという特徴が指摘された。この論文によると、ツリモンストラムは、脊椎動物以外の脊索動物、あるいは、なんらかの旧口動物である可能性が高いという。なお、イリノイ州地質学研究所（アメリカ）のD・G・ミクリッチと、イリノイ州立大学（アメリカ）のJ・クレッセンドルフが1991年に発表した研究では、ツリモンストラムは小さなぜん虫やサカナなどを捕食していたと指摘している。

ユーリプテルス *Eurypterus*

1　大型の海棲古生物たちに襲われている
生命史において、ウミサソリ類が隆盛を誇った古生代シルル紀（約4億4400万年前〜約4億1900万年前）は、まだサカナの台頭が本格的ではなかった。サカナがあごをもち、大型化することにあわせるかのように、ウミサソリ類は衰退していく。

2　ユーリプテルス
〝史実〟では、シルル紀のアメリカを中心に、カナダやヨーロッパなどに棲息していた。当時のアメリカやヨーロッパは、海の底にあった。

3　柔軟なので
別種ではあるが、ウミサソリ類が終体を水平方向に大きく曲げて、尾剣を前方に向けていたとされる標本が発見されている。ただし、この〝曲げ〟が生きていた時のものかどうかは、議論がある。ご興味をおもちの方は、拙著『地球生命 無脊椎の興亡史』（技術評論社）をご覧いただきたい。

4　びっしりと細かなレンズが並んでいる
イェール大学（アメリカ）のロス・P・アンダーソンたちの2014年の研究による。

5　多数でまとめて飼育できる
古生物監修の熊本大学田中源吾の指摘による。ユーリプテルスの化石が同じ地域から多産することに基づいた設定。

6　比較的高速で泳ぎ回るウミサソリ類
アンダーソンたちの2014年の指摘による。

7　過密になると、ケンカや共食いを始めてしまう
田中の指摘による。実際に共食いの証拠が化石で発見されているわけではない。

8　エポキシ樹脂で修復する
水族館監修の伊東隆臣による。カブトガニを参考にした対処法。

アクチラムス *Acutiramus*

1　紺色の照明がうっすらと照らす
イェール大学（アメリカ）のロス・P・アンダーソンたちの2014年の研究によって、アクチラムスは薄明時、もしくは、夜間に行動していたとみられている。この特徴があるため、同じウミサソリ類でも、ユーリプテルスとの合同飼育ができないのだ。

2　アクチラムス

〝史実〟では、シルル紀からデボン紀にかけて棲息していた。その化石は、カナダやアメリカ、チェコ、ロシア、オーストラリアから発見されている。

3　複眼に並ぶレンズの数は、ユーリプテルスよりもはるかに少ない

アンダーソンたちの２０１４年の研究による。ユーリプテルスの複眼をつくるレンズの数が、平均４７００個であるのに対し、アクチラムスのそれは、平均１４００個ほどしかなかった。一方、ユーリプテルスの個々レンズの直径は平均で０・０４５ミリメートルであるのに対し、アクチラムスのレンズの直径は一桁大きく、平均で０・３２ミリメートルあった。このように、「レンズが大きくて少ない」という点が、アクチラムスの眼の特徴である。

4　水槽の端のあたりでじっとしている

アンダーソンたちの２０１４年の研究による。さほど高解像度ではなく、感度の高い眼をもつということは、明るくない時間帯に狩りをしていたのではないか、と推測されている。

5　健康診断のチェック項目

水族館監修の伊東隆臣による。カブトガニでおこなわれる健康診断を参考にしている。

ドロカリス *Dollocaris*

1　ドロカリス

〝史実〟では、ジュラ紀のフランスにあった海に棲息していた。「嚢頭類」とよばれる絶滅した甲殻類のグループに分類される。なお、嚢頭類の化石は世界各地から報告があり、日本でも宮城県で発見されている。古生物監修の熊本大学の田中源吾が挙げたモデル生物は、ノコギリガザミ。

2　シラサエビを生きたまま与えている

実際に、ドロカリスは、エビを食べていたとみられている（化石の腹部からエビの化石が発見されている）。

3　とても眼がよい

リヨン大学（フランス）のジャン・ヴァニエたちが、２０１６年に発表した研究による。ヴァニエたちの計算によると、ドロカリスの複眼には、１万８０００個以上のレンズが並んでいたという。現生のトンボの仲間に次ぐとされるこの複眼の性能を発揮するために、ドロカリスは光の届く海洋表層で暮らしていたと考えられる。

4　さほど泳ぎ上手ではない

田中の指摘による。ドロカリスのあしは、遊泳に適した形態をしていなかった。そのため、瞬発力はともかく、泳ぎ回るほどの能力はなかったとみられている。

ダンクルオステウス *Dunkleosteus*

1　ダンクルオステウス

〝史実〟では、デボン紀のアメリカとアフリカにあった海に棲息していた。古生物監修の沖縄美ら島財団総合研究所の冨田武照が挙げたモデル生物は、ホホジロザメ。

2　全長3メートル

ダンクルオステウスは、一般的には「古生代最大級のサカナ」で知られている。その全長は6メートル以上。ただし、水族館監修の伊東隆臣による、「6メートル級のダンクルオステウスを捕獲・運搬することはかなり

難しい」との判断から、今回の個体を幼体、あるいは、亜成体として〝設定〟している。

3　襲いかかって食べてしまう

実際に、ダンクルオステウスの化石には、別のダンクルオステウスに襲われたとみられる痕跡が確認されている。

4　えさは、ヨシキリザメ、アオザメ、シュモクザメ

冨田によると、ダンクルオステウスは、サカナであれば、何でも食べていた可能性がある。今回は、迫力の食事シーンを来館者に見せる目的もあり、1尾丸ごと手に入れやすいサメを飼料としている。

5　抗寄生虫薬をサメ類の肉に埋め込んでおく

伊東による提案。ダンクルオステウスの後半身が、もしも、ウロコに覆われていなかった場合、寄生虫対策として大量の体表粘液が分泌されていた可能性がある。ただし、その場合でも、こうした薬は必要となる。実際に、エイは体表粘液が大量に分泌されているが、皮膚についた寄生虫が確認されている。

なお、実際には、ダンクルオステウスは、頭胸部以外の化石は、一切発見されていない。

ユーステノプテロン *Eusthenopteron*

1　ユーステノプテロン

〝史実〟では、デボン紀のカナダにあった水域に棲息していた。古生物監修の沖縄美ら島財団総合研究所の冨田武照が挙げたモデル生物は、ポリプテルス。

2　動物の腕の中にある骨

ユーステノプテロンの胸びれの中には、上腕骨、橈骨、尺骨に相当する骨が確認されている。ただし、これらの骨は、たがいに関節していないため、力強く動かすことはできなかった。

3　希少性が高く

パンデリクチス（*Panderichthys*）やティクターリク（*Tiktaalik*）のこと。ユーステノプテロンは複数の化石が知られていることに対し、パンデリクチスやティクターリクの化石はかなり珍しい。

ボスリオレピス *Bothriolepis*

1　甲冑魚

「甲冑魚」は、あくまでも「鎧のように、骨の板で頭胸部を覆われているサカナ」の俗称で、学術的な分類名ではない。実際、いわゆる「甲冑魚」には複数のグループが属している。本文中でも言及しているように、ダンクルオステウスやボスリオレピスは、学術上は「板皮類」に分類される。

2　ボスリオレピス

〝史実〟では、デボン紀のアメリカやカナダ、ロシアなどにあった水域に棲息していた。古生物監修の沖縄美ら島財団総合研究所の冨田武照が挙げたモデル生物は、ホウボウ、もしくは、キホウボウ。

3　とくにみつかることが多く

「ボスリオレピス」の名前を冠する種（ボスリオレピス属）は多く、そして種によっては個体数も多い。化石の品質を求めなければ、世界各地の多くの博物館で実物化石を見ることができる。

4　上陸するための陸地も用意されている

ボスリオレピスの胸びれの役割については、「遊泳時の方向舵」という見方から、「これを脚のように使って地上を歩くことができた」という見方などがあり、近縁種では「交尾のときに、雌雄が体を固定するために用いていた」という見方もある。交尾の話に関しては、ブックマン社から2021年に上梓した拙著『恋する化石』も参考にされたい。

ケイチョウサウルス *Keichousaurus*
オドントケリス *Odontochelys*

1　ケイチョウサウルス

〝史実〟では、三畳紀中期の中国にあった水域に棲息していた。古生物監修の岡山理科大学の林昭次が挙げたモデル生物は、ウミヘビとミズオオトカゲを足して小さくしたイメージ。

2　クビナガリュウ類が誕生する、その系譜に連なる

ケイチョウサウルスは、クビナガリュウ類などが属する上位のグループ、鰭竜類の中で原始的な存在と位置づけられている。

3　オドントケリス

〝史実〟では、三畳紀後期の中国にあった水域に棲息していた……とみられているが、実際には、水棲か陸棲かは議論がある。古生物監修の福井県立恐竜博物館の薗田哲平が挙げたモデル生物は、泳ぎの下手な雑食性のウミイグアナ。

4　エビなどの甲殻類も与える

薗田によると、オドントケリスの食事は〝汚い〟ため、水を汚す可能性があるが、水族館監修の伊東隆臣によると、水族館の通常の濾過システムで対応できるという。

フタバサウルス *Futabasaurus*

1　フタバサウルス

〝史実〟では、約8500万年前（中生代白亜紀後期）の日本近海に生息していた。古生物監修を担当した岡山理科大学の林昭次が挙げたモデル生物は、クジラとオサガメ。

2　「フタバスズキリュウ」の和名

化石の発見は1968年だったが、「フタバサウルス（*Futabasaurus*）」の名前がつけられたのは、2006年のことだった。この間、このクビナガリュウ類は、化石の発見された地層である「双葉層群」と、化石の発見者である鈴木直にちなんだ「フタバスズキリュウ」の名前で親しまれていた。なお、フタバサウルスの〝フルネーム〟は、「フタバサウルス・スズキイ（*Futabasaurus suzukii*）」であり、これも双葉層群と鈴木にちなんだものである。

3　「ピー助」

1980年に公開された『映画ドラえもん　のび太の恐竜』と、2006年にリメイクされた『映画ドラえもん　のび太の恐竜2006』に登場するフタバスズキリュウの名前。筆者の経験からいえば、このどちらかの作品（あるいは両方の作品）を観たことのある世代は幅広い。筆者が一般向けの講演などで説明する際に、「クビナガリュウ類」という言葉は知らなくても、「クビナガリュウ類とは、アレですよ。ピー助です」と例えるだけで、通じる受講生は少なくない。

4　こんなこともあろうかと

ＩＵＣＮＨ指定水族館では、古生物の突発的な保護にも対応できるように、日々さまざまな飼育施設の拡充が進められている、という設定である。

5　深さ10メートル

ノースイーストオハイオ関節炎センター（アメリカ）のブルース・Ｍ・ロスチャイルドと、シンシナティ・ミュージアム・センター（アメリカ）のグレン・Ｗ・ストーズは２００３年にクビナガリュウ類が潜水病になっていた可能性を指摘している。ただし、水族館監修の伊東隆臣によると、完全に飼育されている個体には、おこらないと考えられるという。

6　どうやら親子らしい

クビナガリュウ類は胎生であり、少数の子を産んでいた可能性が高いことがわかっている。これは「Ｋ戦略」とよばれる繁殖方法だ。

7　壁は紺色に塗装され

伊東によると、明るい青色の壁にすると、自然光の紫外線を反射して、白内障となるリスクが上昇する可能性があるという。

8　大きな擬岩が配置されている

伊東によると、こうした〝隠れ家〟をつくることで、来場者からの視線をさえぎり、水槽内の動物のストレスの軽減につながるという。

9　自然光を取り入れることができる

自然光はビタミンＤ合成、寄生虫駆除などの効果を期待できる。

10　クリーンベンチ

空気中に浮遊している微小なゴミやほこり、微生物などを除去する装置。

11　ビタミンB群のサプリメント

凍結にともなってビタミンＢ群が破壊されるため、サプリメントによって補充する。なお、このサプリメントは、クビナガリュウ類専用に開発してもらった特製、という設定。

12　アクリルガラスの潜水清掃

アクリルガラスには苔が生えるため、拭き掃除が必要となる。

フルービオネクテス *Fluvionectes*

1　フルービオネクテス

〝史実〟では、約７５００万年前（中生代白亜紀後期）のカナダに生息していた。古生物監修を担当した岡山理科大学の林昭次が挙げたモデル生物は、カワイルカ。

2　人間の居住域に近い地域に〝出現〟した陸棲種

陸棲種の保護や飼育に関しては、同時期刊行の『古生物動物園のつくり方』（技術評論社）を参考にされたし。

3　溺死に気をつけながら運搬されてきた

爬虫類であるクビナガリュウ類の呼吸方法は肺呼吸であるとみられている。そのため、一定時間ごとに水面から顔を出すことは必須となり、鎮静剤などでおとなしくさせている場合は、沈んだままで窒息しないように注意を払う必要がある。なお、運搬に際しては、シャチの運搬方法を参考にした。

4　全長7メートルにまで成長する

フルービオネクテスの命名に使われた標本は

推定全長5メートルだけれども、同じ産地からは推定全長7メートルという標本も発見されている。

5 内視鏡は、長さ5メートルの特別製

水族館監修の伊東隆臣によると、現在最も長いとされる内視鏡でも3メートルほどであるという。古生物の飼育には、古生物にあわせた新たな診療機器の開発も必要となるだろう。

デスモスチルス *Desmostylus*
パレオパラドキシア *Paleoparadoxia*

I デスモスチルスとパレオパラドキシア

〝史実〟では、ともに新生代新第三紀中新世（約２３００万年前～約５３００万年前）の日本各地、カムチャツカ半島、北アメリカ大陸の西岸の沿岸に生息していた。日本でとくに良質な化石が産することから、「日本を代表する絶滅哺乳類」として知られ、日本各地の自然史系博物館で、その全身復元骨格が展示されている。筆者のおすすめは、足寄動物化石博物館。束柱類の全身復元骨格の展示の充実たるや、日本一だ。また、近年では、瑞浪市化石博物館でも、「超」がつくほどの良質なパレオパラドキシアの化石の研究が進められている。なお、２種類とも中新世の半ばには姿を消した。古生物監修を担当した岡山理科大学の林昭次が挙げたモデル生物は、デスモスチルスがトド、パレオパラドキシアはマナティー。

2 ボートによる外傷を受けていたものを保護

水族館監修の伊東隆臣によると、モデル生物であるマナティーは、実際にボートによる外傷を受けることが多いという。また、この展示スペースの面積は、カバを参考に算出されている。その際、デスモスチルスとパレオパラドキシアを混合飼育しても、両種類はたがいにほとんど干渉しない、という〝設定〟にした。

3 エリア内で棲み分けがなされている

デスモスチルスもパレオパラドキシアも、その化石は、それぞれ別個に産することもあれば、同じ場所で産することもある。そのため、少なくとも同じエリアに生息していた個体がいた可能性は高いとみられている。一方、林たちが２０１３年に発表した研究によれば、この2種類には遊泳能力に明瞭な差があり、デスモスチルスは〝泳ぎ上手〟だった可能性が指摘されている。

4 えさ

２００９年に国立科学博物館の甲能直樹が報告したところによると、デスモスチルスは底生の無脊椎動物を、パレオパラドキシアは潟《かた》の植物である海草を食べていた可能性が高いという。

5 疾病

これらの疾病は、モデル生物でよくみられるもの。

ホッカイドルニス *Hokkaidornis*
アロデスムス *Allodesmus*

I ホッカイドルニス

〝史実〟では、新生代古第三紀漸新世（約３３９０万年前～約２３００万年前）の後期に生息していた。古生物監修を担当した足寄動物化石博物館の安藤達郎が挙げた本種のモデル生物は、ペンギンとウミウのハーフ。

2 アロデスムス

〝史実〟では、新生代古第三紀漸新世から新第三紀中新世（約3390万年前〜約530万年前）にかけて、日本やアメリカ、メキシコに生息していた。古生物監修を担当した大阪市立自然史博物館の田中嘉寛が挙げた本種のモデル生物は、ゾウアザラシ。

3 ペンギンと比べるとクチバシや首が細長く、翼も細い

その意味では、この場合の「ペンギン」は、現生種よりも、ワイマヌ（52ページ）のような、「初期のペンギン類」の姿に近い。

4 ペンギンモドキ

ペンギンモドキ類は、「プロトプテルム類」ともよばれる。かつて、北太平洋沿岸域で栄えた。

5 北海道沿岸域に〝出現〟する

ホッカイドルニスの学名は、種小名まで入れると「ホッカイドルニス・アバシリエンシス（*Hokkaidornis abashiriensis*）」となる。化石が発見された北海道網走市にちなむ名前だ。

6 年に数回の換羽期があり

ペンギン類を参考にした、水族館監修の伊東隆臣による設定。

7 給餌の量を減らす

ペンギン類を参考にした、水族館監修の伊東隆臣による設定。

8 アスペルギルス感染症、マラリア感染症、バンブルフッド、換羽異常など

いずれも、現生のペンギン類にみられる疾病。

9 白内障や歯牙疾患など

いずれも、現生の鰭脚類にみられる疾病。

クラドセラケ *Cladoselache*

1 クラドセラケ

〝史実〟では、デボン紀のアメリカにあった水域に棲息していた。古生物監修の沖縄美ら島財団総合研究所の冨田武照が挙げたモデル生物は、メジロザメの仲間。

2 クラスパーがない

軟骨魚類のクラスパーと陸上動物のペニスの関係に興味をもたれた方は、拙著『恋する化石』（ブックマン社）をどうぞ。

3 漁船のカンコ、地上では大型活魚車に入れられて

クラドセラケは遊泳性が高いとみられることから、「捕獲時に狂奔して酸欠になりやすいと想像します」と水族館監修の伊東隆臣は指摘する。そのため、専用車両を使って遊泳させながらの運搬が重要となる。

4 ベアタンク

ベアタンクとは、底砂などのデコレーションがない水槽のこと。さまざまな実験と清掃をおこないやすいというメリットがある。

5 えさは、サバ、アジ、イカなど

冨田によると、実際にクラドセラケの化石の胃の部分からは、全長5センチメートルほどの小魚の骨が発見されているという。

プトマカントゥス *Ptomacanthus*

1 プトマカントゥス

〝史実〟では、デボン紀のイギリスにあった温帯~冷帯の水域に棲息していた。古生物監修の沖縄美ら島財団総合研究所の冨田武照が挙げたモデル生物は、海にいるピラルク。

アンビュロケタス *Ambulocetus*

1 空調がしっかりと管理されている
水族館監修の伊東隆臣によると、クジラ類は気温と水温の差が激しくなると肺炎になるリスクが上昇するという。そのため、この水族館では、空調の管理しやすいドーム構造を採用している。

2 アンビュロケタス
〝史実〟では、約4500万年前の新生代古第三紀始新世の半ばの〝パキスタンの海〟に生息していた。当時、インド亜大陸はまだ独立した大陸だったが、アジアに接近しつつあり、その影響でパキスタン付近には浅い海が広がっていたとみられている。クジラ類の海洋進出は、まさにそんな浅い海で展開されたようだ。古生物監修を担当した大阪市立自然史博物館の田中嘉寛が挙げたモデル生物は、〝哺乳類化したクロコダイル〟。

3 おもに水中で生活している
名古屋大学の安藤瑚奈美と藤原慎一が2016年に発表した研究によると、肋骨の強度分析に基づけば、アンビュロケタスが地上を歩くことはなかったとされる。本文では、諸研究の状況を鑑みて、地上を歩き回ることはなかったけれども、水際にやってきた動物を襲うことはできたと〝設定〟している。

4 「毛の生えたワニ」
「毛の生えた」という文言は、「哺乳類だから毛は生えているだろう」という推測に基づくもので、実際にアンビュロケタスの毛の化石が発見されているわけではない。

5 人工のマングローブ
自然物ではなく人工物を採用することで、アンビュロケタスが多少荒っぽくこの樹を扱っても、倒れることがないようにしている。ちなみに、生きているマングローブ林の維持には、相当なコストがかかると伊東はいう。

6 非公開の二つのプール
こうしたプールが非公開である理由は、アンビュロケタスを来場者の視線から守り、ストレスを感じさせないため。

7 ムカシクジラ類の進化
このあたりの〝進出劇〟に興味のある方は、ぜひ、拙著『地球生命 水際の興亡史』(技術評論社)をご覧ください。

8 半年間の隔離
この検疫期間(隔離期間)は、狂犬病を想定してのもの。アンビュロケタスは陸上で獲物を捕えるが、その際、獲物が狂犬病に罹患していると、アンビュロケタスも感染する可能性があり、念のための隔離が必要、という〝設定〟である。

9 水際の地面を軽く叩く
クジラ類の耳は、空気中の音を聴くよりも、水中の音を聴きやすい〝仕様〟である。これは、地面を伝わる音に対しても同じ。「地面を軽く叩く」という〝設定〟は、この仕様にちなむもの。

10 プールに落ちていたものは、給餌のときにもってくる
実際に、イルカに対しておこなわれている手法。異物を食べるよりも、飼育員に渡すことで、しっかりと褒美をもらうというトレーニングがおこなわれている。

11 いわゆる「芸」ではなく

2022年に田中たちが発表した研究によれば、いわゆる〝賢いイルカ〟の進化は、中新世前期のハクジラ類に始まるという。すなわち、アンビュロケタスの段階では「芸」のようなことはできなかった可能性が高い。なお、その視点に立つと、※9や※10も〝怪しい〟可能性があるが、本書用の〝設定〟の一つとしてご理解されたい。

バシロサウルス *Basilosaurus*

1 水量約10万トン

水槽のサイズに関して、水族館監修の伊東隆臣が最初に算出した値は、容量50000トンだった。これは、3頭のクジラ類を飼育する場合の最低ラインの約3倍に相当するという。今回は、さらにバシロサウルスの自由度を高め、且つ、新たな個体を飼育することも想定して、その倍の容量とした。

2 バシロサウルス

〝史実〟では、約4500万年前の新生代古第三紀始新世の半ばの海に生息していた。広範囲を生活圏としていたようで、その化石はアメリカをはじめ、エジプト、ヨーロッパ、西サハラなどの各地からみつかる。現生種に似たような動物がいないため、古生物監修を担当した大阪市立自然史博物館の田中嘉寛は本種のモデル生物を挙げていない。サイズとしては、ジンベイザメが候補になるものの、筋肉の質と量が大きく異なるという。

3 長時間にわたって獲物を追いかける

実際のところ、バシロサウルスが〝長時間追跡型〟の狩りをおこなったかどうかは不明である。しかし、同じムカシクジラ類の小型種やサメ類も襲っていたとされており、アグレッシブな気性であった可能性は高い。

4 寄り添うように泳いでいる

バシロサウルスの親子や胎児の化石が発見されているわけではないが、現生のクジラ類などを参考にすると、こうした親子関係があったとしても不思議ではない。

5 可動床を上昇させると水が抜ける

哺乳類であるバシロサウルスは肺呼吸が可能なので、水が抜けても窒息をすることはない。

6 モルビリウイルス、豚丹毒、カンジダ

これらの疾病は、クジラ類に一般的にみられるもの。

7 サケ、ブリ、ビンチョウマグロ、キハダマグロ、マジェランアイナメ、サメ類など

〝史実〟では、スズキの仲間などを食べていたようだ。今回は、水族館監修の伊東隆臣によって、「大型魚かつ安価で安定して入手できるもの」として、これらのサカナが選ばれている。

8 かつて海棲爬虫類と勘違いされていた

バシロサウルスが「サウルス（トカゲ）」とよばれていることも、この勘違いに由来する。ただし、19世紀にその名がつけられた当初から哺乳類であるという声も強かった。

ハーペトケタス *Herpetocetus*

1　ハーペトケタス
〝史実〟では、新生代新第三紀中新世から第四紀更新世（約2300万年前〜約1万年前）に生息していた。その化石は、アメリカ、ベルギー、日本、チリなどから報告されている。古生物監修を担当した大阪市立自然史博物館の田中嘉寛が挙げた本種のモデル生物は、コククジラ。

2　全長は5メートルを超える
コセミクジラのサイズは、〝リアル世界〟でも、十分飼育可能ではある。しかし、そもそもコセミクジラは珍しい存在で、『世界のクジラ・イルカ百科事典』では、「繁殖行動や生活史はほとんどわかっていない」とされている。

3　水を抜きながらの診察
哺乳類であるハーペトケタスは肺呼吸が可能なので、水が抜けても窒息をすることはない。

4　さまざまな食べ方をする
田中が2022年に発表した研究を参考にしている。この研究では、ハーペトケタスのごく近縁のクジラが、コククジラのように〝いろいろな食べ方〟ができた可能性が指摘された。

5　オスの精子を冷凍保存する
凍結精子は、凍結していない精子よりも受精率は落ちる。ただし、精子を凍結することで、オスが死亡しても受精が可能だったり、他館への輸送が容易だったりなどのメリットも多い。

アーケロン *Archelon*

1　アーケロン
〝史実〟では、白亜紀後期にアメリカを分断していた〝細長い海〟に生息していた。古生物監修の福井県立恐竜博物館の薗田哲平が挙げたモデル生物は、遠洋までは泳いでいかない巨大なアカウミガメ。

2　〝超大型のウミガメ〟
大きなものでは、全長4・6メートルほどになるとされるが、発見されている化石は不完全のものも多いので、じつは研究者によって見積もる値に差が出ている。たとえば、ロサリオ大学（コロンビア）のE・A・カデナたちが2020年に発表した論文では、アーケロンのサイズを全長約4メートル（甲長2・2メートル）としている。

3　外洋を泳ぐのは苦手
白亜紀後期にアメリカにあった〝細長い海〟は、外海にもつながっていた。しかし、アーケロンの化石はすべて、この〝細長い海〟のあった地域から産しているため、アーケロンは外海へは泳いでいかなかったとみられている。これは、アーケロンだけではなく、白亜紀のウミガメは総じて、高い長距離遊泳能力をもっていなかったとみられている。

4　チタン製チェーンのネットが張られている
チタン製は、海水に強いので理想的。ただし、水族館監修の伊東隆臣によると「とても高価」であるという。

5　性格はさほど凶暴ではない
あくまでも本書用の設定である。実際にアーケロンのこうした生態がわかっているわけではない。

6　幼いアーケロンを見たければ、早期の訪問がよい

2007年にチューリッヒ大学（スイス）のトルステン・M・シャイヤーと、マルセロ・R・サンチェス＝ビリャグラが発表した研究では、過去の報告をもとにアーケロンの成長速度が現生のオサガメと同じくらいだったとまとめられている。1996年にアメリカ国立自然史博物館のジョージ・R・ツークとカリフォルニア大学（アメリカ）のジェームス・F・パルハムが発表した研究では、とくに幼いオサガメの成長が速いことが指摘されている。

ストゥペンデミス　*Stupendemys*

1　ストゥペンデミス

“史実”では、新生代新第三紀中新世のベネズエラにあった温暖な淡水域に棲息していた。古生物監修の福井県立恐竜博物館の薗田哲平が挙げたモデル生物は、オオアタマヨコクビガメ。

2　その甲長は2・4メートルに達し

発見されている化石が完全体ではないために、じつは最大値についてはよくわかっていない。「2・4メートル・1トン以上」という値は、ロサリオ大学（コロンビア）のE・A・カデナたちが2020年に発表した論文に基づいている。

3　「曲頸類」というグループに属し

曲頸類は、現生種もいるカメのグループ。首を甲羅に収納する際に、水平方向に曲げるという特徴がある。首の長い個体が多い。

4　ブラックウォーターで濁らせている

ブラックウォーターは、アマゾン川の水質に近いとされる茶色の濁った水。人為的につくられている。

5　ミズカビ病、中耳炎、ハーダー氏腺炎などだ

こうした警戒すべき病気は、伊東の指摘によるもの。

モササウルス　*Mosasaurus*

1　奥行き300メートル、幅100メートルの入り江

古生物監修のシンシナティ大学の小西卓哉によると、モササウルス類は、泳ぎ回る獲物を追いかけて捕食するほどの活発さがあったという。たとえば、1987年には、サウス・ダゴタ・スクール・オブ・マインズ&テクノロジーのジェームズ・E・マーティンとフィリップ・R・ボヨークによってサカナ、モササウルス類、サメ、海鳥など、多様な獲物が報告されている。「奥行き300メートル、幅100メートル」という値は、この活発さを受けて、水族館監修の伊東隆臣が推測した「水槽だったらこのくらいの広さがあった方がよい」という値。なお、平均水深は10メートルほどを想定している。

2　消波ブロック

「波消しブロック」ともよばれる。コンクリート製で、大きなものでは高さ5メートル、重さ100トンにもなる。主目的は、文字どおりの「波消し」で、これによって構造物や地形へのダメージを防ぐ。不動テトラのテトラポッドが有名。

3　モササウルス

とくにここでは、［*Mosasaurus hoffmannii*］のこと。“史実”では、約6600万年前

（白亜紀末のマーストリヒチアン期）に、アメリカとヨーロッパの海で栄えた。モササウルス類における最大種の一つであり、最後の種でもある。小西が挙げたモデル生物は、現生のオオトカゲほどの知能をもつシャチ。

4　尾びれを備えた巨大なトカゲ

実際、モササウルス類は、トカゲ類に近縁だ。

5　ステンレスの網は撤去

ステンレス製とはいえ、金属網では腐食して数年で交換を余儀なくされる可能性がある。本文で言及しているように、モササウルスの危険な生態を考えれば脱走は絶対に許されないため、湾の仕切りは確実に維持されなければならない。そこで、伊東は消波ブロックによる仕切りを提案した。

6　凍らせたサケ、ブリ、マグロ、アイナメ、サメ類

この水族館は、「予算と面積を無制限で」つくることができるように設計されているが、伊東は管理のしやすさなどから、冷凍のえさを提案した。

7　えさは1日あたり200〜300キログラム

リヨン第1大学（フランス）のオリエン・バーナードたちが2010年に発表した研究によると、モササウルス類は哺乳類と同じように内温性である可能性があるという。内温性の動物は外温性の動物よりも多くのえさを必要とする。伊東によると、その必要量は1日あたり体重の1〜3.5パーセント。一方、小西の計算によると、全長13メートルのモササウルスの体重は約20トン。本文中のえさの量は、こうした値を参考に、湾内で飼育する6個体分を想定したもの。

8　量と回数は調整している

小西は、モササウルス類は、常時獲物に襲いかかるような生態をしていたと指摘する。この生態を考慮して、また、内温性であると仮定して、えさやりの回数を多めに設定している。

9　日常パターンや体重に大きな変化が出たら、なんらかの異常が出たと判断する

録画解析や人工知能の投入は別として、観察によるパターン解析から動物の体調を推測することは、実際に海遊館で飼育するジンベエザメの管理をするために実用化をめざしている。

10　「カテゴリーB」の増加を防ぐ

繁殖を抑制する場合、一つの対処方法として、繁殖抑制剤を麻酔銃を使って撃ち込んで、繁殖コントロールをおこなうことができるかどうかを試すこともアリかもしれない、とは伊東の案。

リヴィアタン　*Livyatan*

1　リヴィアタン

〝史実〟では、新生代新第三紀中新世（約1200万年前）のペルー（沖）に生息していた。なお、伝説の海の怪物にちなむ名前であるが、日本語でよく知られた「リヴァイアサン」ではないことがポイント。じつは当初、「リヴァイアサン」のカタカナ表記がふさわしい「*Leviathan*」と名づけられたのだが、その名前がすでに絶滅した長鼻類に使われていることがすぐに判明した。学名には「先取権の原則」があるため、この場合は、あとにつけられた方を改名しなければならない。

そこで、同じ海の怪物を指す単語でありながら、ヘブライ語に由来する「*Livyatan*（リヴィアタン）」が採用された。古生物監修を担当した大阪市立自然史博物館の田中嘉寛が挙げた本種のモデル生物は、アグレッシブなマッコウクジラ。

2　深海まではもぐらない

現生のマッコウクジラは深海までもぐる。しかし、リヴィアタンは、生態そのものが異なるとみられており、深海まで行かなかったのではないか、との見方がある。

3　ヒゲクジラ類を狩る

そのサイズと太い歯から、ヒゲクジラ類のような大型の海棲哺乳類が獲物となったのではないかと指摘されている。

おわりに

古生物を飼育する。

そのためには、何が必要か。

「はじめに」で触れた「IUCNH」「国際古生物保護条約」などの〝設定〟のもと、「予算と面積の上限は解除して」設計・運営されている「古生物水族館」。お楽しみいただけましたでしょうか？

水棲動物は謎が多いこともあり、この水族館には多くの研究施設も用意されています。この施設が現実のものになった暁には、観光客だけではなく、ぜひ、研究者のみなさんにもご利用いただきたいものです。私も、その研究者のみなさんに、取材したいと思います。

マイケル・クライトンの名作『ジュラシック・パーク』に始まる一連のシリーズを挙げるまでもなく、「古生物を飼育する」は、〝伝統的にソソるテーマ〟でしょう。本企画では、古生物学の専門家と、水族館における飼育の専門家の力を借りることで、このテーマに挑みました。

企画上、〝科学的な遊び心〟にお付き合いいただくということもあり、同様の性質をもつ『古生物食堂』の研究者チームのみなさんに再びご協力をいただきました。岡山理科大学の林昭次さん（爬虫類、束柱類）、熊本大学の田中源吾さん（節足動物など）、城西大学の宮田真也さん（中生代以降のサカナ）、大阪市立自然史博物館の田中嘉寛さん（哺乳類）さん、株式会社ジオ・ラボの栗原憲一さん（アンモナイト類）は、『古生物食堂』からのメンバーです。加えて、足寄動物化石博物館の安藤達郎さん（ペンギン類）、沖縄美ら島財団の冨田武照さん（古生代のサカナ）、シンシナティ大学の小西卓哉さん（モササウルス類）、福井県立恐竜博物館の薗田哲平さん（カメ類）にも加わっていただきました。みなさんには、さまざまな企画を通じてお世話になっており、本企画でもお力を拝借した次第です。また、水族館の専門家として獣医師の伊東隆臣さんは、林さんにご紹介いただきました。

みなさん、お忙しい中にご協力いただきまして、本当にありがとうございます。コロナ禍の中で取材に応じていただき、感謝いたします。

取材の中で、古生物関係のみなさんには、「せっかく水族館飼育の専門家とタッグを組んでいるので、あなたの〝推しの古生物〟の飼育方法を探ってみませんか?」と無茶振りをして、みなさんに「これを!」という種を挙げていただきました。

作中のドロカリスは田中源吾さん、プトマカントゥスは冨田さん、フォレイアは宮田さん、フルービオネクテスは林さん、フォスフォロサウルスは小西さん、プテロプゾシアは栗原さん、ホッカイドルニスは安藤さん、ハーペトケタスは田中嘉寛さん、ストゥペンデミスは薗田さんの〝推し〟です。筆者の問いかけに際し、「ならば、このコをぜひ!」という方もいれば、「いっぱいいて悩んじゃいますねー」といいながら選んでいただいた方もいました。みなさんの古生物愛に感動です。

イラストは、ツク之助さんの作品です。誰も見たことがない「古生物の飼育施設と飼育風景」という難題を、ツク之助さんらしいタッチで見事に描いていただきました。本当にありがとうございます。

この強力な陣営に加えてお馴染みのスタッフで進めました。デザインは、WSB inc.の横山明彦さん、編集はレカポラ編集舎の小野寺佑紀さんと、技術評論社の大倉誠二さん。妻(土屋香)には、執筆段階でさまざまな助言をもらい、巻頭MAPの制作も請け負ってもらいました。多くの人々の力が集まり、この1冊となっています。

最後になりましたが、本書を手にとっていただき、ここまで読んでいただいたあなたに、心の底から感謝いたします。ありがとうございます。

ようやくコロナ禍の先が見え始めた感があります。水族館や博物館を訪問する機会も増えていくことでしょう。そうした時に、ちろっと本書を思い出していただけると幸いです。

なお、『古生物動物園のつくり方』も同時期刊行です。ぜひ、あわせてお楽しみください。

サイエンスライター　土屋　健

“幻の奇獣”デスモスチルスを知っていますか?―絶滅哺乳類の古生態を復元する―，甲能直樹，国立科学博物館,https://www.kahaku.go.jp/research/researcher/my_research/geology/kohno/

《学術論文》

甲能直樹,2009，歯の微小摩耗痕および安定同位体と微量元素に基づいた束柱類の食性復元，科学研究費補助金研究成果報告書

田中嘉寛,2022，イルカの脳の進化に迫る化石,Nature Study,68,11,p142-143

Allison C. Daley, Gregory D. Edgecombe, 2014, Morphology of *Anomalocaris canadensis* from the Burgess Shale, Journal of Paleontology, 88(1), p68-91

Aurélie Bernard, Christophe Lécuyer, Peggy Vincent, Romain Amiot, Nathalie Bardet, Eric Buffetaut, Gilles Cuny, François Fourel, François Martineau, Jean Michel Mazin, Abel Prieur, 2010, Regulation of Body Temperature by Some Mesozoic Marine Reptiles, Science, vol.328, no.5984, p1379-1382

A. Yu. Ivantsov, 2003, Ordovician Trilobites of the Subfamily Asaphinae of the Ladoga Glint, Journal of General Paleontology and Theoretical Aspects of Biostratigraphy, vol.37, pS229-S337

Bruce M. Rothschild, Glenn W. Storrs, 2003, Decompression Syndrome in Plesiosaurs (Sauropterygia: Reptilia), Journal of Vertebrate Paleontology, 23(2), p324-328

Carolina Acosta Hospitaleche, 2014, New giant penguin bones from Antarctica: Systematic and paleobiological significance, Comptes Rendus Palevol, vol.13, p555-560

Catalina Pimiento,Bruce J. MacFadden,Christopher F. Clements,Sara Varela,Carlos Jaramillo,Jorge Velez-Juarbe,Brian R. Silliman,2016,Geographical distribution patterns of *Carcharocles megalodon* over time reveal clues about extinction mechanisms,Journal of Biogeography,DOI: 10.1111/jbi.12754

D.G. Mikulic, J. Kluessendorf, 1991, Illinois' State Fossil—*Tullimonstrum gregarium*, Geobit 5

E-A Cadena, T M Scheyer, J D Carrillo-Briceño, R Sánchez, O A Aguilera-Socorro, A Vanegas, M Pardo, D M Hansen, M R Sánchez-Villagra, 2020, The anatomy, paleobiology, and evolutionary relationships of the largest extinct side-necked turtle, *Sci. Adv.*, 6 : eaay4593

Edwin-Alberto Cadena, Andrés Link, Siobhán B. Cooke, Laura K. Stroik, Andrés F. Vanegas, Melissa Tallman, 2021, New insights on the anatomy and ontogeny of the largest extinct freshwater turtles, Heliyon, 7, e08591

George R. Zug, James F Parham, 1996, Age and growth in leatherback turtles, *Dermochelys coriacea* (Testudines: Dermochelyidae): a skeletochronological analysis, Chelonian Conservation and Biology, 2(2), p244-249

Hans Fricke, Jürgen Schauer, Karen Hissmann, Lutz Kasang, Raphael Plante, 1991, Coelacanth *Latimeria chalumnae* aggregates in caves: first observations on their resting habitat and social behavior, Environmental Biology of Fishes, 30, p281-285

Han Zeng, Fangchen Zhao, Zongjun Yin, Maoyan Zhu, 2017, Morphology of diverse radiodontan head sclerites from the early Cambrian Chengjiang Lagerstätte, southwest China, Journal of Systematic Palaeontology, DOI: 10.1080/14772019.2016.1263685

James A. Campbell, Mark T. Mitchell, Michael J. Ryan, and Jason S. Anderson, 2021, A new elasmosaurid (Sauropterygia: Plesiosauria) from the non-marine to paralic Dinosaur Park Formation of southern Alberta, Canada, PeerJ, 9:e10720, DOI 10.7717/peerj.10720

Jack A. Cooper, Catalina Pimiento, Humberto G. Ferrón, Michael J. Benton, 2020, Body dimensions of the extinct giant shark *Otodus megalodon*: a 2D reconstruction, Scientific Reports, 10, 14596, https://doi.org/10.1038/s41598-020-71387-y

James E. Martin, Philip P. Bjork, 1987, Gastric residues associated with a mosasaur from the Late Cretaceous (Campanian) Pierre Shale in South Dakota. In: Martin, J.E. &. Ostrander, G.E. (eds): Papers in vertebrate paleontology in honor of Morton Green. Dakoterra, 3, p68-72

Jean Vannier, Brigitte Schoenemann, Thomas Gillot, Sylvain Charbonnier, Euan Clarkson, 2016, Exceptional preservation of eye structure in arthropod visual predators from the Middle Jurassic, Nature Communications, 7:10320, DOI: 10.1038/ncomms10320

J. Moysiuk, J.-B. Caron, 2019, A new hurdiid radiodont from the Burgess Shale evinces the exploitation of Cambrian infaunal food sources, Proc. R. Soc., B 286:20191079, http://dx.doi.org/10.1098/rspb.2019.1079

もっと詳しく知りたい読者のための参考資料

本書を執筆するにあたり、とくに参考にした主要な文献は次の通り。
※本書に登場する年代値は、とくに断りのないかぎり，
International Commission on Stratigraphy, 2023/6, INTERNATIONAL STRATIGRAPHIC CHART
を使用している。

※なお、本文中で紹介されている論文等の執筆者の所属は、とくに言及がない限り、その論文の発表時点のものであり、必ずしも現在の所属ではない点に注意されたい。

《一般書籍》

『アノマロカリス解体新書』監修：田中源吾，著：土屋 健，絵：かわさき しゅんいち，2020年刊行，ブックマン社

『生きている化石図鑑』監修：芝原暁彦，著：土屋 健，絵：ACTOW，2021年刊行，笠倉出版社

『海棲哺乳類大全』監修：田島木綿子，山田 格，2021年刊行，緑書房

『海洋生命5億年史』監修：田中源吾，冨田武照，小西卓哉，田中嘉寛，2018年刊行，文藝春秋

『カムチャツカからアメリカへの旅』著：ステラー，1978年刊行，河出書房新社

『カムチャツカ発見とベーリング探検』著：エリ・エス・ベルグ著，1942年刊行，龍吟社

『クジラの鼻から進化を覗く』監修：斎藤成也，塚谷 裕一，高橋淑子，著：岸田拓士，2016年刊行，慶應義塾大学出版会

『恋する化石』監修:千葉謙太郎，田中康平，前田晴良，冨田武照，木村由莉，神谷隆宏，著:土屋 健，絵:ツク之助，2021年刊行，ブックマン社

『古生物食堂』監修：松郷庵甚五郎二代目，古生物食堂研究者チーム，著：土屋 健，絵：黒丸，2019年刊行，技術評論社

『古第三紀・新第三紀・第四紀の生物 上巻』監修：群馬県立自然史博物館，著：土屋 健，2016年刊行，技術評論社

『古第三紀・新第三紀・第四紀の生物 下巻』監修：群馬県立自然史博物館，著：土屋 健，2016年刊行，技術評論社

『シーラカンス』著：籔本美孝，2008年刊行，東海大学出版会

『ジュラ紀の生物』監修：群馬県立自然史博物館，著：土屋 健，2015年刊行，技術評論社

『小学館の図鑑［新版］NEO 動物』監修・指導：三浦慎悟，成島悦雄，伊澤雅子，吉岡 基，室山泰之，北垣憲仁，画：田中豊美ほか，2014年刊行，小学館

『世界のクジラ・イルカ百科図鑑』著：アナリサ・ベルタ，2016年刊行，河出書房新社

『ゼロから楽しむ古生物 姿かたちの移り変わり』監修：芝原暁彦，著：土屋 健，イラスト：土屋 香，2021年刊行，技術評論社

『地球生命 水際の興亡史』監修：松本涼子，小林快次，田中嘉寛，著：土屋 健，イラスト：かわさきしゅんいち，2021年刊行，技術評論社

『白亜紀の生物　上巻』監修：群馬県立自然史博物館，著：土屋 健，2015年刊行，技術評論社

『Marine mammals: Evolutionary Biology, THIRD EDITION』　著：Annalisa Berta, James L. Sumich, Kit M. Kovacs, 2015年刊行，Academic Press

《プレスリリース》

北海道むかわ町穂別より新種の海生爬虫類化石を発見。中生代海生爬虫類においては初めての夜行性の種であることを示唆，University of Cincinnati, University of Alberta，穂別博物館，福岡大学

《WEB サイト》

海で暮らした?デスモスチルス，地質標本館，https://www.gsj.jp/Muse/event/archives/20200915_event.html

環境技術解説，環境展望台，国立環境研究所，https://tenbou.nies.go.jp/science/description/

定置網，北海道区水産研究所，https://salmon.fra.affrc.go.jp/zousyoku/kids/1setnet.htm

日本消波根固ブロック協会，https://www.shouha.jp/

日本初の嚢頭類(のうとうるい)化石を南三陸町で発見!，東北大学総合学術博物館，http://www.museum.tohoku.ac.jp/exhibition_info/mini/thylaco.html

ブラックウォーターとは!作り方と飼育に向いている熱帯魚や水草をご紹介，TOKYO AQUA GARDEN，https://t-aquagarden.com/column/blackwater

Ross P. Anderson, Victoria E. McCoy, Maria E. McNamara, Derek E. G. Briggs, 2014, What big eyes you have: the ecological role of giant pterygotid eurypterids, Biol. Lett., 10:20140412, http://dx.doi.org/10.1098/rsbl.2014.0412

Russell D. C. Bicknell, Michel Schmidt, Imran A. Rahman, Gregory D. Edgecombe, Susana Gutarra, Allison C. Daley, Roland R. Melzer, Stephen Wroe, John R. Paterson, 2023, Raptorial appendages of the Cambrian apex pred ator *Anomalocaris canadensis* are built for soft prey and speed, Proc. R. Soc. B, 290:20230638, https://doi.org/10.1098/rspb.2023.0638

Ryan D. Marek, Benjamin C. Moon, Matt Williams, Michael J. Benton, 2015, The Skull and Endocranium of a Lower Ju rassic Ichthyosaur Based on Digital Reconstructions, Palaeontology, vol. 58, P4, p723-742

Shoji Hayashi, Alexandra Houssaye, Yasuhisa Nakajima, Kentaro Chiba, Tatsuro Ando, Hiroshi Sawamura, Norihisa Inuzuka, Naotomo Kaneko, Tomohiro Osaki, 2013, Bone Inner Structure Suggests Increasing Aquatic Adapt ations in Desmostylia (Mammalia, Afrotheria), PLoS ONE, 8(4), e59146, doi:10.1371/journal.pone.0059146

S. Wroe, D. R. Huber, M. Lowry, C. McHenry, K. Moreno, P. Clausen, T. L. Ferrara, E. Cunningham, M. N. Dean, A. P. Summers, 2008, Three-dimensional computer analysis of white shark jaw mechanics: how hard can a great white bite?, Journal of Zoology, p1-7

Takuya Konishi, Donald Brinkman, Judy A. Massare, and Michael W. Caldwell, 2011, New Exceptional Specimens of *Prognathodon overtoni* (Squamata, Mosasauridae) from the Upper Campanian of Alberta, Canada, and the Systematics and Ecology of the Genus, Journal of Vertebrate Paleontology, 31(5), p1026-1046

Takuya Konishi, Michael W. Caldwell, Tomohiro Nishimura, Kazuhiko Sakurai, Kyo Tanoue, 2015, A new halisaurine mosasaur (Squamata: Halisaurinae) from Japan: the first record in the western Pacific realm and the first do cumented insights into binocular vision in mosasaurs, Journal of Systematic Palaeontology

Takuya Konishi, Paulina Jiménez-Huidobro, Michael W. Caldwell, 2018, The Smallest-Known Neonate Individual of *Tylosaurus* (Mosasauridae, Tylosaurinae) Sheds New Light on the Tylosaurine Rostrum and Heterochrony, Journal of Vertebrate Paleontology, e1510835

Tamaki Sato, Yoshikazu Hasegawa, Makoto Manabe, 2006, A New Elasmosaurid Plesiosaur from the Upper Cretaceo us of Fukushima, Japan, Palaeontology, vol.49, Part3, p457-4841

Tomoyuki Mikami, Takafumi Ikeda, Yusuke Muramiya, Tatsuya Hirasawa, Wataru Iwasaki, 2023, Three-dimensional anatomy of the Tully monster casts doubt on its presumed vertebrate affinities, Palaeontology, 2023, e12646

Torsten M. Scheyer, Marcelo R. Sánchez-Villagra Scheyer, 2007, Carapace bone histology in the giant pleurodiran turt le *Stupendemys geographicus*: Phylogeny and function, Acta Palaeontologica Polonica, 52 (1), p137-154

Victoria E. McCoy, Erin E. Saupe, James C. Lamsdell, Lidya G. Tarhan, Sean McMahon, Scott Lidgard, Paul Mayer, Ch ristopher D. Whalen, Carmen Soriano, Lydia Finney, Stefan Vogt, Elizabeth G. Clark, Ross P. Anderson, Ho lger Petermann, Emma R. Locatelli, Derek E. G. Briggs, 2016, The 'Tully monster' is a vertebrate, Nature, vol.532, p496-499

Victoria E. McCoy, Jasmina Wiemann, James C. Lamsdell, Christopher D. Whalen, Scott Lidgard, Paul Mayer, Holg er Petermann, Derek E. G. Briggs, 2020, Chemical signatures of soft tissues distinguish between vertebrates and invertebrates from the Carboniferous Mazon Creek Lagerstätte of Illinois, Geobiology, 18, p560-565

Yanina Herrera, Marta S. Fernández, Susana G. Lamas, Lisandro Campos, Marianella Talevi, Zulma Gasparini, 2017, Morphology of the sacral region and reproductive strategies of Metriorhynchidae: a counter-inductive appro ach, Earth and Environmental Science Transactions of the Royal Society of Edinburgh, 106, p247-255

Yoshihiro Tanaka, 2022, Rostrum morphology and feeding strategy of the baleen whale indicate that right whal es and pygmy right whales became skimmers independently, R. Soc. Open Sci., 9: 221353., https://doi.org/10.1098/rsos.221353

Yoshihiro Tanaka, Megan Ortega, R. Ewan Fordyce, 2022, A new early Miocene archaic dolphin (Odontoceti, Cetac ea) from New Zealand, and brain evolution of the Odontoceti, New Zealand Journal of Geology and Geoph ysics, DOI: 10.1080/00288306.2021.2021956

John R. Paterson, Gregory D. Edgecombe, Diego C. García-Bellido, 2020, Disparate compound eyes of Cambrian radiodonts reveal their developmental growth mode and diverse visual ecology, Sci. Adv., 6, eabc6721

Joseph J. El Adli, Thomas A. Deméré, Robert W. Boessenecker, 2014, *Herpetocetus morrowi* (Cetacea: Mysticeti), a new species of diminutive baleen whale from the Upper Pliocene (Piacenzian) of California, USA, with observations on the evolution and relationships of the Cetotheriidae, Zoological Journal of the Linnean Society, 170, p400–466

Julia A. Clarke, Daniel T. Ksepka, Rodolfo Salas-Gismondi, Ali J. Altamirano, Matthew D. Shawkey, Liliana D'Alba, Jakob Vinther, Thomas J. DeVries, Patrice Baby, 2010, Fossil Evidence for Evolution of the Shape and Color of Penguin Feathers, Science, vol.330, p954-957

K. A. Sheppard, D. E. Rival, J.-B. Caron, 2018, On the Hydrodynamics of *Anomalocaris* Tail Fins, Integrative and Comparative Biology, vol.58, no.4, p703-711

Kazuyoshi Moriya, Hiroshi Nishi, Hodaka Kawahata, Kazushige Tanabe, Yokichi Takayanagi, 2003, Demersal habitat of Late Cretaceous ammonoids: Evidence from oxygen isotopes for the Campanian (Late Cretaceous) northwestern Pacific thermal structure, Geology, vol.31, p167-170

Kenshu Shimada, 2021, The size of the megatooth shark, *Otodus megalodon*. (Lamniformes: Otodontidae), revisited, Historical Biology, 33:7, 904-911, DOI: 10.1080/08912963.2019.1666840

Kenshu Shimada, Martin A. Becker, Michael L. Griffiths, 2021, Body, jaw, and dentition lengths of macrophagous lamniform sharks, and body size evolution in Lamniformes with special reference to 'off-the-scale' gigantism of the megatooth shark, *Otodus megalodon*, Historical Biology, 33:11, 2543-2559, DOI: 10.1080/08912963.2020.1812598

Konami Ando, Shin-ichi Fujiwara, 2016, Farewell to life on land - thoracic strength as a new indicator to determine paleoecology in secondary aquatic mammals, J. Anat., doi: 10.1111/joa.12518

Krzysztof Broda, Štěpán Rak, Thomas A. Hegna, 2020, Do the clothes make the thylacocephalan? A detailed study of Concavicarididae and Protozoeidae (?Crustacea, Thylacocephala) carapace micro-ornamentation, Journal of Systematic Palaeontology, DOI:10.1080/14772019.2019.1695683

Lauren Sallan, Sam Giles, Robert S. Sansom, John T. Clarke, Zerina Johanson, Ivan J. Sansom, Philippe Janvier, 2017, The 'Tully Monster' is not a vertebrate: characters, convergence and taphonomy in Palaeozoic problematic animals, Palaeontology, vol. 60, Part 2, p149–157

Leif Tapanila, Jesse Pruitt, Cheryl D. Wilga, Alan Pradel, 2020, Saws, Scissors, and Sharks: Late Paleozoic Experimentation with Symphyseal Dentition, THE ANATOMICAL RECORD, 303, p363–376

Léo Galvão Carnier Fragoso, Paulo Brito, Yoshitaka Yabumoto, 2018, *Axelrodichthys araripensis* Maisey, 1986 revisited, Historical Biology, DOI: 10.1080/08912963.2018.1454443

Lionel Cavin, Bastien Mennecart, Christian Obrist, Loïc Costeur, Heinz Furrer, 2017, Heterochronic evolution explains novel body shape in a Triassic coelacanth from Switzerland, 7: 13695, DOI:10.1038/s41598-017-13796-0

Rudy Lerosey-Aubril, Stephen Pates, 2018, New suspension-feeding radiodont suggests evolution of microplanktivory in Cambrian macronekton, Nature Communications, 9:3774, DOI: 10.1038/s41467-018-06229-7

Olivier Lambert, Giovanni Bianucci, Klaas Post, Christian de Muizon, Rodolfo Salas-Gismondi, Mario Urbina, Jelle Reumer, 2010, The giant bite of a new raptorial sperm whale from the Miocene epoch of Peru, Nature, vol.466, p105-108 & p1134

Piotr Jadwiszczak, Review Penguin past: The current state of knowledge, 2009, Polish Polar Reserch, vol.30, no.1, p3-28

P. Martin Sander, Xiaohong Chen, Long Cheng, Xiaofeng Wang, 2011, Short-Snouted Toothless Ichthyosaur from China Suggests Late Triassic Diversification of Suction Feeding Ichthyosaurs, PLoS ONE, 6(5): e19480, doi:10.1371/journal.pone.0019480

Richard Lund, 1985, The morphology of *Falcatus falcatus* (St. John and Worthen), a Mississippian stethacanthid chondrichthyan from the Bear Gulch Limestone of Montana, Journal of Vertebrate Paleontology, 5:1, p1-19

生物名	学名	ノンブル
パラエウディプテス	*Palaeeudyptes*	**52**, 53, 54, 55, 56, 57, 58, 59, 193, 194
パレオパラドキシア	*Paleoparadoxia*	**130**, 131, 132, 133, 204
板皮類	Placodermi	98, 108, 109, 111, 201
ファルカトゥス	*Falcatus*	**28**, 29, 190
フォスフォロサウルス	*Phosphorosaurus*	**48**, 49, 50, 51, 192, 193
フォレイア	*Foreyia*	**66**, 67, 195
フタバサウルス	*Futabasaurus*	**116**, 117, 118, 119, 120, 121, 125, 202, 203
プテロプゾシア	*Pteropuzosia*	**68**, 69, 70, 71, 72, 73, 195, 196
プトマカントゥス	*Ptomacanthus*	**144**, 145, 146, 147, 205, 206
フルービオネクテス	*Fluvionectes*	**124**, 125, 126, 127, 128, 129, 203, 204
ペゾシーレン	*Pezosiren*	**40**, 41, 42 43, 191, 192
ヘリコプリオン	*Helicoprion*	**18**, 19, 20, 21, 189
ボスリオレピス	*Bothriolepis*	**108**, 109, 110, 111, 201, 202
ホッカイドルニス	*Hokkaidornis*	**134**, 135, 136, 137, 138, 139, 204, 205
マナティー(アメリカマナティー)	*Trichechus manatus*	41, 45, 192, 204
ミズダコ	*Octopus dofleini*	20, 21, 189
メガロドン	*Otodus megalodon*	**14**, 15, 16, 17, 188, 189
メタプラセンチセラス	*Metaplacenticeras*	**68**, 69, 70, 71, 72, 73, 195
メトリオリンクス	*Metriorhynchus*	**30**, 31, 32, 33, 34, 35, 190, 191
モササウルス	*Mosasaurus*	49, **178**, 179, 180, 181, 209, 210
モササウルス類	Mosasauridae	48, 49, 178, 193, 209, 210
ユーステノプテロン	*Eusthenopteron*	**104**, 105, 106, 107, 201
ユーリプテルス	*Eurypterus*	**88**, 89, 90, 91, 93, 95, 199
ラディオドンタ類	Radiodonta	74, 78, 79, 81, 196, 197, 198
ラティメリア・カラムナエ	*Latimeria chalumnae*	61, 194
ラティメリア・メナドエンシス	*Latimeria menadoensis*	61, 194
リヴィアタン	*Livyatan*	**182**, 183, 184, 185, 186, 187, 210, 211
ワイマヌ	*Waimanu*	**52**, 53, 54, 55, 56, 57, 58, 59, 193, 194, 205

『古生物水族館』索引一覧（太字は見出しの生物）

ABC索引（太字は見出しの生物）

田中源吾（たなか・げんご）

島根大学卒業後、静岡大学大学院で博士（理学）を取得。日本学術振興会特別研究員、レスター大学研究員、京都大学研究員、群馬県立自然史博物館主任学芸員、海洋研究開発機構研究技術専任スタッフ、熊本大学合津マリンステーション特任准教授、金沢大学国際基幹教育院助教を経て、熊本大学くまもと水循環・減災研究教育センター准教授。幼稚園の頃、父親に連れて行ってもらった足摺海底館が心に残っています。

田中嘉寛（たなか・よしひろ）

大阪市立自然史博物館・学芸員。北海道大学博物館資料部・研究員、沼田町化石館・特別学芸員、甲南大学・非常勤講師を兼ねる。ニュージーランド、オタゴ大学で初期のイルカの進化を研究し博士号（Ph. D.）を取得。専門は水生哺乳類の進化。最近は、大阪層群初のヒゲクジラを発表し、北海道のヌマタナガスクジラ（沼田町）、タイキケトゥス（大樹町）、フカガワクジラ（深川市）を新属新種として命名した。骨ばかり研究しているので、水族館で「生き物」を見ると癒されます。

冨田武照（とみた・たけてる）

1982年生まれ。神奈川県出身。博士（理学）。2011年に東京大学・理学系研究科地球惑星科学専攻・博士課程を修了後、フロリダ州立大学などの研究員を経て、2015年より（一財）沖縄美ら島財団総合研究所・主任研究員。水族館管理部魚類課兼任。ジンベエザメが泳いでいる大水槽を見ながら、ここにダンクルオステウスが泳いでいたらと想像するのが好きです。古代ザメの胎仔を人工子宮装置で育てる……そんな研究をするのもいいかもしれません。

林 昭次（はやし・しょうじ）

岡山理科大学生物地球学部准教授。恐竜をはじめとした脊椎動物の進化と生態について骨内部構造から研究しています。最近では古生物学の研究手法を応用し、水族館・動物園などと協力することで、ペンギンなどを含む野生動物の生態解明にも取り組んでいます。水族館では、多様な生物とその不思議に触れることができるので、とても好きな場所です。

宮田真也（みやた・しんや）

専門は魚類化石の分類学です。大学に入学以降、地質学や古生物学を学んでいます。現在は魚類化石の展示数が日本一?! リアル化石水族館である城西大学大石化石ギャラリーで学芸員をやりつつ地学関係の授業もやっています。幼稚園の頃はサメが好きでしたのでよく水族館に連れて行ってもらっていました。ふと思うと、水族館にいる生き物たちのご先祖様は、古生物水族館で見られるような光景を見ていたのかもしれませんね。

監修者紹介 ※敬称略

【水族館監修】

伊東隆臣（いとう・たかおみ）

岩手大学農学部獣医学科卒。大阪ウォーターフロント開発株式会社（現株式会社海遊館）入社。大阪・海遊館の海獣類や魚類、ニフレルの猛獣類の飼育係兼獣医師として従事。地球の表面積の約 70%は海であり、ある論文の報告によると海洋に生息している生命の91% が新種だそうです。日本近海だけでも毎年新種が発見されており、水族館でも新種生物の飼育にチャレンジすることがあります。そういう意味では、今回の古生物の飼育方法を検討する機会を頂けたことは、水族館職員冥利に尽きる思いです。

【古生物水族館研究者チーム】

安藤達郎（あんどう・たつろう）

北海道大学では魚竜、ニュージーランドのオタゴ大学ではペンギン、そして現職の足寄動物化石博物館ではペンギンモドキと海生哺乳類、と「二次的水棲適応」を渡り歩いています。水族館の良くないところは、生きている動物の情報量に圧倒されて、いつまでも見ていても時間が足りないことと、写真やビデオを何枚とっても足りた気がしないことです（そしてあまり見返さない）。はじめて行った水族館は小樽水族館、開館 3年目でした。本書が将来的に、バーチャル古生物水族館に発展すると嬉しいです。一日中遊びたいと思います。

栗原憲一（くりはら・けんいち）

株式会社ジオ・ラボ代表取締役・CEO。北海学園大学非常勤講師。早稲田大学で博士（理学）を取得。三笠市立博物館および北海道博物館にて学芸員として勤務後、株式会社ジオ・ラボを設立。科学的な知識を生かした地域活動の支援を日本各地でおこなっている。水族館の好きな生き物は、やはりオウムガイ。ほとんど動かないし、えさもゆっくりと食べる愛くるしい姿は何時間見ていても飽きないので、水族館ゆるキャラ選手権があればダントツの一位だと信じている。

小西卓哉（こにし・たくや）

アメリカ・シンシナティ大学生物科学科教育准教授。専門は古脊椎動物学。水族館には特別な思い出があります。地元・香川県の屋島の水族館には子供のころよく祖父母に連れられ通い、当時から大きな生物や爬虫類に興味をもっていた私はアマゾン川のピラルクーやワニの展示を見るのを楽しみにしていました。現在は子供を連れてよく水族館を訪れ、サメの泳ぎ方やフォルム、イルカの骨格などについつい見入ってしまい、あとから家族を追いかけることもしばしば。

薗田哲平（そのだ・てっぺい）

福井県立恐竜博物館研究員。茨城大学大学院理工学研究科博士後期課程修了。博士（理学）。手取層群を軸足とした化石カメ類の系統分類や形態進化が専門。いつも水族館で爬虫類コーナーに長居する僕からすると、爬虫類だらけの古生物水族館は1日あっても足りないでしょうね。そして、レストランのメニューやバックヤードツアーもとっても気になります。空想の水族館なのに? 空想だからこそ? 楽しい妄想だけで時間が溶けていきますね。

P20 写真（ヘリコプリオン）
安友康博／オフィス ジオパレオント
所蔵：大石コレクション
展示：城西大学水田記念博物館
　　　大石化石ギャラリー

著　者　　土屋　健
絵　　　　ツク之助
水族館監修　伊東隆臣（海遊館 獣医師）
生物監修　古生物水族館研究者チーム
　安藤達郎　栗原憲一　小西卓哉
　薗田哲平　田中源吾　田中嘉寛
　冨田武照　林 昭次　宮田真也
編　集　　小野寺佑紀（レカポラ編集舎）
装丁・造本　横山明彦（WSB inc.）

『古生物水族館のつくり方』
書籍ページ。書籍の情報をはじめ、
正誤表などの情報をご覧いただけます。

生物《せいぶつ》ミステリー
古生物水族館《こせいぶつすいぞくかん》のつくり方《かた》　プロが真面目《まじめ》に飼育施設《しいくしせつ》を考《かんが》えてみた

発行日　2024年 1月 5日 初版 第1刷 発行

著　者　土屋《つちや》　健《けん》
発行者　片岡　巌
発行所　株式会社技術評論社
　　　　東京都新宿区市谷左内町21-13
電　話　03-3513-6150　販売促進部
　　　　03-3267-2270　書籍編集部
印刷・製本　大日本印刷株式会社

ISBN978-4-297-13969-8 C3045
Printed in Japan

※本編の情報は、あくまでも本書用の設定にもとづいたフィクションです。実在の組織・団体等とはいっさい関係ありません。